那些病不是病

Those diseases
is not a disease

紀小龍——著

寫在出版之前

做為圖書業者，最大的幸福莫過於出版好的讀物。

發現這本書，源於一篇名為《專家吐真言，醫生永遠是無奈的》的文章。在文中，紀教授以一個病理學家的視角，告訴讀者應該如何從本質上來認識各種疾病，並提出了「最好的保健就是順其自然」的養生觀點。與此同時，他還道出了自己的感慨：「醫生永遠是無奈的，每天都要面臨著失敗。」為什麼會這樣說呢？因為有三分之一的病醫生無能為力，有三分之一的病是病人自己好的，醫學只解決三分之一的病。

「有三分之一的病是病人自己好的，難道那些疾病可以不藥自癒？」

讀到這裡，我眼睛一亮，如果有一個資深醫生用負責任的態度告訴你，有些病不用治療也能好，會不會成為一個很好的圖書主題呢？

一直以來，我就想做一本傳播健康福音的好書，獻給那些瞭解並關注自身疾病的讀者們，可是很難找到優秀作者寫出專業、新鮮而不失通俗的養生書。沒想到因緣巧合，我看到了這篇文章，並深感興趣。

於是，我在第一時間給紀教授發了E-mail，詢問他是否已經有出版物，或者有打算出版的意向，進而表達了合作的願望。很快，我就收到了紀教授的回覆，他說自己是一個喜歡探究真實的醫生，有責任將醫學的那些理念原原本本交與大眾。書只出過一本《紀小龍說健康》，另外，手頭有一些初稿，比如《那些「病」不是病》，《腫瘤你應該知道的》等內容可以整理成冊的。如果適合出版理念，可以商談。

當「那些『病』不是病」幾個字映入眼簾時，我不由得大呼驚奇，這和我想把「有三分之一的病是病人自己好的」做為圖書主題簡直不謀而合！

在收到《那些「病」不是病》的電子文檔之後，我翻看了幾個章節的內容，便有了出版這本書的想法。有時候，文化的傳播就是緣分，由一篇不經意間讀到的文章開始，繼而引發了圖書主題的策劃，內容的寫作以及出版的實現。

本書的重要主題：「人體１／３的病自己會好」。作者從病理機制上來說明人體１／３的病到了一定時候便會自然恢復，屬於不治也能好的病。讀者如果瞭解了這些具體病症自然痊癒的原理，就無須擔心恐懼，這樣一來，不僅可以免除花錢，還能好的更快更徹底。但是，讀者也不要忽略餘下２／３的病。這些病症有一半是需要治療的，另一半則是無論如何治療也沒有效果的。這也是在告訴讀者，不要把本書看成是包治百病的「神仙方」，敢於說實話的紀教授只是在說基本的醫學常識。如果你得了不治也能好的病，就不要去管它，如果是另外2／3的病，一方面早治療，一方面盡量減輕痛苦。閱讀此類書的人，無一例外都對健康抱有極大的期待，「1／3的病自己會好」就像一劑強心劑，可以增強人們面對疾病、戰勝疾病的勇氣。

《那些「病」不是病》書名聽起來你會感到新奇，甚至會懷疑：「得病了不去醫院怎麼可以？這會不會是為了引起注意的一種圖書炒作行為？」可是當你靜下心來讀過一遍，就不得不信服紀教授的真知灼見，因為他講的觀點經得起醫學的檢驗。紀教授在那些病的「病」字上加了引號，這個引號的含意是：名稱上是病，但對待起來不要走疾病治療的常規套路，從有益於身體的角度，不要過渡治療，目的是提醒人們重視這些特別的「病」。

誰都不想生病，誰家有了病人都會著急，當一位從業40餘年，每年接待各地疑難會診1000例以上的知名醫生告訴你，這個「病」不治療也會好，那該會是多麼大的驚喜！

編輯部

附：《專家吐真言，醫生永遠是無奈的》（引自網路）

專家吐真言，醫生永遠是無奈的

紀小龍，主任醫師、教授、博士生導師，北京抗癌協會常務理事、《癌症康復》雜誌副主編、全國抗癌協會淋巴瘤委員會委員、全國全軍及北京市醫療事故鑑定委員會專家，每年在病理會診中解決疑難、關鍵診斷1000例以上。

我是做病理研究的。說到病理學，老百姓瞭解得不多。在國外叫doctor's doctor，就是「醫生的醫生」。我們每天的工作，就是給醫院裡每一個科的醫生回答問題。並不是我們有什麼特殊的才能，而是我們都有一台顯微鏡，可以放大一千倍，可以看到病人身體裡的細胞變成什麼樣子了，可以從本質上來認識疾病。

最好的保健就是順其自然

我認為，最好的保健是順其自然。不要過分強調外因的作用，而是按照自己本身生命運動的規律，去做好每一天的事情。小孩、年輕人、中年人、老年人，各有各的規律，各有各的自然之道。現在大家都吃保健品，可是保健品毫無作用。男人喜歡補腎，我不明白他為什麼要補腎。男性的強壯和性能力，是由身體裡的男性激素決定的，不是用什麼藥物、吃什麼食物能夠補充的。

化妝品只能用作心理安慰。有的人皮膚乾燥，抹一點潤滑的保持水分，那是可以的。但是想用化妝品變得年輕，今年20明年18，那你就上當了，致於還能變美白，更是胡扯。

皮膚的黑和白，決定於皮膚裡黑色素細胞產生的色素多和少。我去美國的時候專門考察過，黑人、白人皮膚裡的黑色素細胞都差不多，差就差在細胞產生的色素是多是少。你以為抹了藥，就能讓細胞產生的色素多一點或少一點，這是做不到的。很多化妝品抹上去之後確實有效果，但它不是從根本上解決問題，等於刷漿，你的黑色素細胞是永遠不變的。

每個人的皮膚都有七層細胞。如果你去做美容，磨掉三層，就像原來穿著厚衣服，看不到裡面的血管，現在磨薄了，血管的紅色就明顯，看上去就紅潤了，像透光一樣。所以你做美容以後，會又紅潤又光亮，顯得年輕了。不過，人的細胞替補是有次數的，假如能替補50次，你早早的就消耗掉了，等你老了，再想替補就沒有了。

還有運動。我們可以運動，但是不能透支。任何運動形式都有它最佳的頻度和幅度，好比說心跳，正常人1分鐘跳70下，你不能讓它跳120下、150下，那不是最佳的運動限度。運動的時候，不能超過身體裡細胞所能夠承受的限度。許多運動員都不長壽，因為他的運動強度超過了應該承受的頻度和幅度。就像蠟燭，燃燒得特別旺，生命一定很快就結束了。

我們說，平時大家心跳是70下80下，不過成年累月都是這種狀態也不是好事。如果你每個禮拜有一次或兩次，讓心跳達到100甚至120（最好不要超過150），你的血液加速流動，等於給房間來了一次大清掃。一個禮拜左右徹底清理一兩次，把每個角落裡的廢物都透過血液循環帶走，有助於你身體的代謝。

醫生的診斷有三成是誤診

醫生的診斷有三成是誤診。如果在門診看病，誤診率是50%，如果你住到醫院裡，年輕醫生看了，其他的醫生也看了，大家也查訪、討論了，該做的超音波、CT、化驗全做完了，但誤診率是30％。

人體是個很複雜的東西。每個醫生都希望手到病除，也都希望誤診率降到最低，但是再控制也控制不住。只要當醫生，沒有不誤診的。小醫生小錯，大醫生大錯，新醫生新錯，老醫生老錯，因為大醫生、老醫生遇到的疑難病例多啊！這是規律。中國的誤診和國外比起來，還低一點。美國的誤診率是40％左右，英國的誤診率是50％左右。

我們應該正常看待誤診。誤診的原因是多方面的，太複雜，一時說不清，但是可以告訴大家一個原則：如果在一家醫院、被一個醫生診斷得了什麼病，你一定要尋得第二家醫院的核實。這是個最簡單的減少誤診的方法。

有一些不是誤診的問題。比如說脂肪肝，它不是病。在20年前，不管哪本書上，都不會專門有這個詞，這全是B超（超音波）惹的禍。有了超聲（超音）這個儀器，把探頭往你的腹部一放：哦！你是脂肪肝！這個詞就叫出來了。

我專門研究過這個問題。我在解剖之前，先給超聲（超音波）科打電話，讓他們推一個超聲機（超音波機）到解剖室，在打開腹部之前看一下有沒有脂肪肝，然後打開來驗證。有時候他們說：沒有，打開一看：這不是黃的脂肪嗎？有的正相反。所以，超聲（超音波）診斷脂肪肝是不準確的。

身體裡脂肪多，你的肝臟裡脂肪一定多，問題是脂肪多了，給你帶來什麼疾病沒有？我們做了很多解剖，沒有發現一個肝臟的硬化、肝臟的損傷，是由於脂肪肝引起的。有人說你現在是輕度脂肪肝、過兩年變重度脂肪肝，然後就變肝硬化，最後是肝癌，說這樣話的人沒有任何證據。

還有酒精肝，都以喝酒對肝損害最大。酒精叫乙醇，乙醇到了肝臟，在那裡分解，像剪刀一樣，把兩個碳的分子剪斷，最終物是水和二氧化碳，二氧化碳呼出去，水尿出去。如果你的肝臟裡都是這樣的剪刀，你害怕喝酒幹什麼？關鍵不是對肝的損傷，肝細胞死了可以再生，關鍵是對神經細胞的傷害。人體裡只有神經細胞是生下來多少個，一輩子都不會再增加一個，只會減少。喝酒每喝醉一次，都會犧牲一批神經細胞。

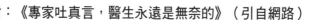

癌細胞是殺不死的

我對癌症的興趣，從70年代上學時候就開始了，到現在已經30多年了。開始的時候充滿了幻想、充滿了激情。我認為把所有的時間精力都用來研究癌症，總能研究出名堂來吧。一九八七年第一屆招收研究生，我就直奔著癌症去了。結果搞了半天，發現原來是竹籃打水一場空！每個新方法一出來，我就去研究一陣子，最後一個個都破滅了。

我感覺最悲慘的就是：送進來一個十幾歲的中學生，已經全身轉移、擴散了，他還不明白，還想回去上學。我去查房的時候，這個小朋友就問：爺爺，我什麼時候能夠上學啊？我怎麼回答？我如實告訴他，面對這幼小的一個生命，我怎麼能說得出來？我如果隱瞞，等這個孩子到了最後階段，就會知道我是在說假話，我再去看他，他還能信任我嗎？中晚期的時候，你去治療癌細胞，想把癌細胞殺死，這個思路是錯的。癌細胞是殺不死的！你不要指望透過醫學的辦法，來解決你的癌症問題。那麼要用什麼辦法呢？我打個比方：任何癌症，就像一個種子，你的身體就是一片土壤。這個種子冒芽不冒芽，長大不長大，完全取決於土壤，而不是取決於種子。種子再好，土壤不適合，它絕不會長出來。怎麼改善這個土壤？這是現在研究的課題。

我們提倡健康體檢。早期的癌要治好很簡單，問題是怎能發現。傅彪最後也到我那裡去看病，他是肝癌。肝癌多數都經歷了乙肝、丙肝，然後是肝硬化，第三步到肝癌。細胞變成癌要5到10年！肝臟受到攻擊，1個變2個、2個變4個，像小芽冒出來一樣，然後一點一點長大。你每過半年查一次的話，它絕不會長成兩三公分的癌！只要提前治，在兩三公分以前，肝癌都可以手到病除。

像傅彪這樣的案例，如果提前診治，不是老說工作忙，是完全有辦法挽回的。但是他找到我的時候，已經沒辦法控制了。他的肝臟切下來我也看到了，太晚了，不可能再活下去。那時別人還罵我說：人家手術以後不是好好的嘛！你怎說人家活不長？

我可以肯定他活不長。他的癌細胞像散芝麻一樣，在肝臟裡鋪天蓋地到處都是，怎能活得長？有人說換肝就可以了。癌細胞很聰明，肝癌細胞最適合生長的環境是肝臟，肝臟裡面長滿了，它就跑別的地方去了，等你換了一個好肝，四面八方的肝癌細胞都回來了！沒有用的！

我們有責任早期發現腫瘤、早期治療。如果是晚期，我建議針對生存質量去努力，減輕痛苦，延長生命。針對晚期癌症的治療不需要做，因為沒有用。

做為醫生，我給自己只能打20分。為什麼？有三分之一的病醫生無能為力，有三分之一的病是病人自己好的，醫學只解決三分之一的病。而這三分之一的病，我也不可能解決那麼多，我能打20分就很不錯了。

做醫生這麼多年，我有一種感慨：醫生永遠是無奈的，因為他每天都面臨著失敗。

90％的病自己會好的

雖然說法很另類，但我相信「90％的病自己會好」這是真的。不過，有很多醫生根本就希望你經常回診……

高血壓、糖尿病、高血脂、膽固醇過高、肥胖、痛風、便祕、胃潰瘍、頭痛、腰痛、過敏、失眠、自律神經失調……這些佔門診90％的病，實際上不必吃藥就會好，你能想像嗎？

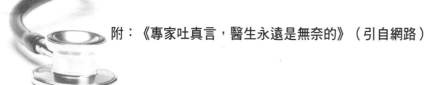

岡本裕是日本腦外科醫生，同時專長惡性腫瘤的臨床治療與研究。他最出名的就是「盡可能不開藥」，但他治療與給過建議的慢性病及癌症病患，復發率卻很低，這是怎麼辦到的？

著作書在日本，九個月就暢銷三十萬冊的作者岡本裕醫師，二十多年診療觀察的經驗結晶，他指出：當個「聰明」患者，比當個醫生眼中的「好」患者，你得到痊癒的機率更高。

關於看病吃藥，他指出——

◎「好患者」就是會定期回診的病人，因為會替醫院帶來穩定收入。
◎不是不吃藥，而是吃藥要有期限，如果一直吃不好，就要檢討原因。
◎血壓高未必需要吃藥，壓力大、作息亂才是腦溢血主因。
◎血糖標準降低，於是糖尿病患者暴增幾百萬人，但並非都需要吃藥。
◎膽固醇愈低愈好？其實膽固醇在220～280mg／dl的人，最長壽。
◎新陳代謝症候群，根本不必看醫生。
◎連醫生都未必知道，腸子是人體最重要的免疫器官。
◎制酸劑並不能治療胃潰瘍，原因何在？
◎常吃頭痛藥，會刺激交感神經，可能引發其他疾病。

◎腰痛別穿緊身褲，更別馬上貼痠痛貼布。

◎過敏、溼疹，不用擦藥膏，多攝取發酵食品，就可以治好。

◎抗憂鬱藥物，可能讓人更不開朗。

◎晚餐不要太晚吃，就能改善失眠。

岡本醫生提出幾點養生的好習慣。他說，想要不生病，最好能——

◎別讓養生成為壓力，再養生的食物，吃起來好吃才是最基本的。

◎量量體重，就能看出營養是否失衡。

◎坐姿不前傾，就能改善很多疼痛症狀。

◎按摩手指，就能維持自律神經的平衡。

◎按摩小腿部，可以改善全身血液循環。

◎按壓百會穴，提高自癒力。

◎洗澡冷熱水交替，能遠離感冒。

◎把看電視改成，每天散步一小時或六千步，半年體重九十變六十。

◎睡覺不只是休息，睡足七小時，才能徹底修復人體自癒力。

◎不可以用病患的身分去看病，而要以顧客或朋友的對等身分。

◎聰明病患會設法讓醫生講出「因為你是私下問，我才會老實說」的醫療建議。

本文來自網路，經多方查詢，因經多次轉載無法找到原作者，若知悉原作者請與本社聯絡以便本公司寄奉稿酬。

自序

人的生命只有一次，所以人們常說，生命無價！

我們在如今的大環境、小環境中居住、工作、呼吸、飲食、休息、行動、睡眠的每時每刻無不受到外在、內在、自然、人為等不利於身體健康的因素侵襲與浸染，因此病痛也就不可避免，只是多少、輕重、緩急、強弱而已。

一旦有了病就會在極不情願的心情下硬著頭皮去醫院、找醫生看病。

俗話說「有病亂求醫」，的確不假。

我就遇到一位孝順的女兒為了減輕父親胃癌開刀的痛苦而求到一個喝「能量水」治癌者，喝了半年水，病情越來越重，再去開刀已難以切除癌腫。這位女兒送走了父親，悲痛中說出了刻骨銘心的話：「我犯的錯誤就是用人只有一次的生命去冒了險。」

人體在這個星球上億萬年進化到如今，還能夠生存，就足以說明其已經具備抵禦周圍環境和自身內部調節的多種「自穩」能力，而且，人體的複雜性和精確性遠比我們目前認識到的知識深奧的多。人自己在疾病消除中的主導性和主動性，千萬不能忽略，而需要盡力去發掘的。

社會邁進到今天，導致一種普遍的現狀出現：無病說成有病，小病當成大病，診斷治療過渡。那麼，普通百姓怎麼辦？

其實，病分三等，醫分三類，何病求何醫是一條基本求醫原則。

所謂病分三等是指：

1.不治也能好的病；

2.治後才能好的病；

3.治也治不好的病。

比如感冒、潰瘍病等，從病理機制上來說有它自己的規律，到一定時候便會自然恢復，**故屬不治也能好的病**。而肺炎、腸梗阻等則屬於醫治後才能好的病，應該即時求醫。**對於動脈硬化、癌症等，目前還沒有辦法靠醫療方式治癒，因而屬於治也治不好的病。**

如果有的病自己就能好，當然不需要看醫生了。

美國特魯多醫生的墓誌銘久久流傳於世，激勵著一代又一代的行醫人。「To Cure Sometimes,To Relieve Often,To Comfort Always.」中文翻譯簡潔而富有哲理：「有時，去治癒；常常，去幫助；總是，去安慰。」有時、常常、總是，像三個階梯，道出了三種為醫的境界。

如今，醫學的進步使得人類的疾病譜發生了顯著的變化，有些病消失了，有些病減少了，有些病可以醫治了，但同時也出現了新的疾病和新的研究課題。因此，今天醫生的座右銘應該是：「1／3不治也能好，1／3治後才能好，1／3治也治不好。」

可是，大眾畢竟不是經過醫學訓練過的專業人士，面對病痛、醫生、醫院都是「茫然」少知甚至無知的。怎麼辦？當務之急應是先瞭解一下，哪些病是可以自癒的，是不需要擔心恐懼的，是可以免除花錢的，以及如何才能好得更快、更徹底的。

也就是說，最簡單的第一步是要起碼知道一些常識：那些聽起來挺嚇人的「病」，其實不是病，知道了後就不致於盲目、恐懼、慌亂出錯，而是正確對待，有條不紊，自然自得了也。

從我懵懂中跨進醫界算起40多年過去了，在接觸一個個活生生的人體中慢慢感悟到健康長壽中有關不藥自癒的點點滴滴「貝殼」，不經意收集起來，不時告知朋友們並寫成短文刊見於報刊雜誌。沒想到，幾年前在網路上看到有心人把我的這些「貝殼」串了起來互相在網友間轉貼著，而且還冠以題目：「專家吐真言」，這樣一來，「逼迫」我不能偷懶而將一些零星的「貝殼」編排一下，至少能編成個書，便於朋友們查閱。

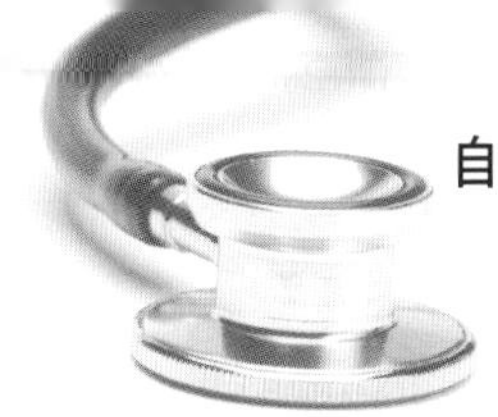

美麗的臺灣至今我還沒有光顧，只是覺得地處熱帶亞熱帶交界的地方有溫暖的氣候、富饒的物產、淳樸的民風、善良的民眾。當人類進入「現代」階段時，由於生活方式的變更，「現代病」也會在臺灣人群中越來越多起來，所以，對於健康長壽的一些基本知識也應該受到青睞。如果現代人享受著新科技帶來的廣闊視野、透徹見解、濃縮知識的同時還兼具著健康的體魄，做到自然終老沒有遺憾快活一生，豈不美哉！

但願這本書能在朋友們的健康行程中解一點渴，添一份力，吾願足矣！

目錄

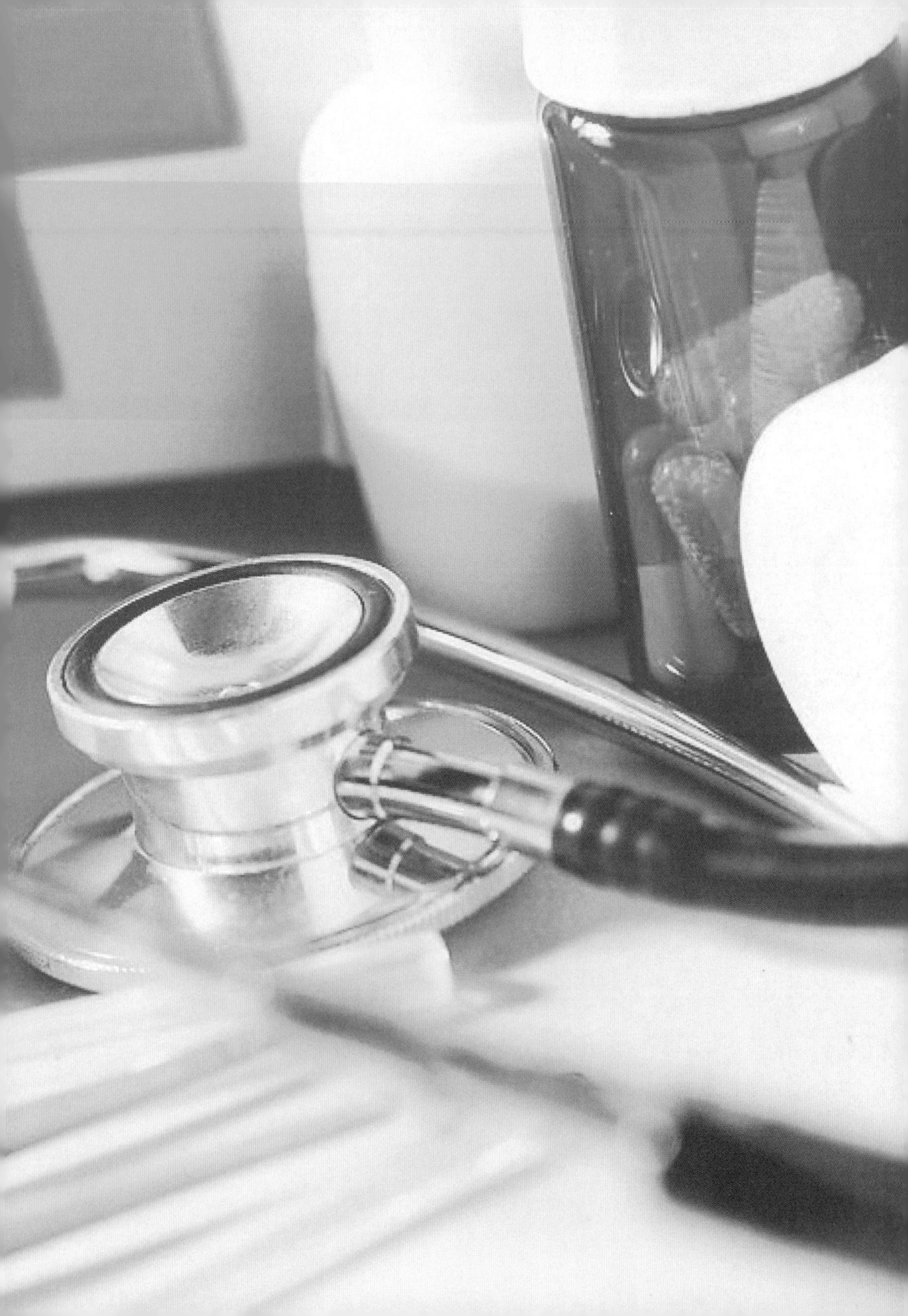

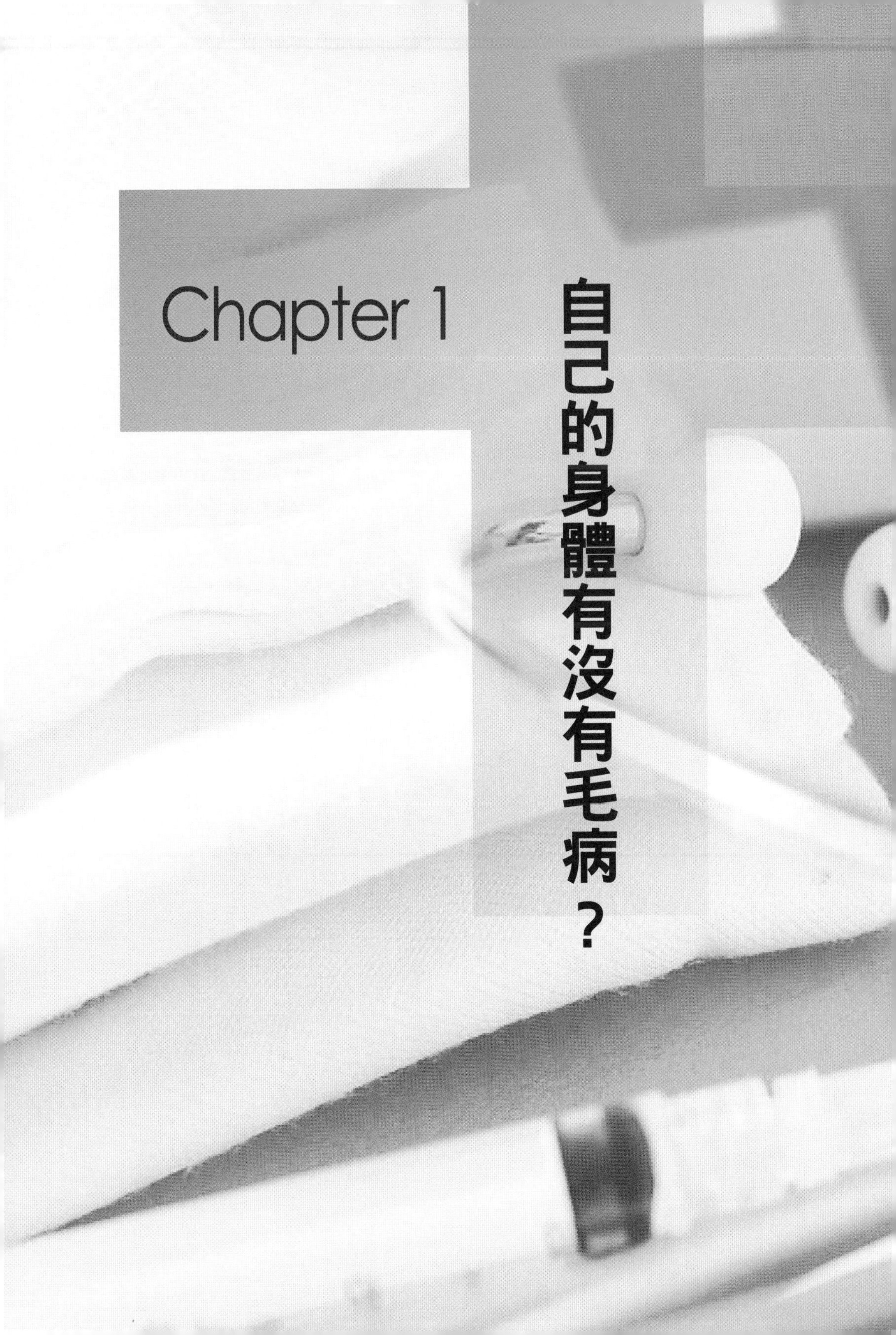

Chapter 1 自己的身體有沒有毛病？

你有「病」嗎？

每天在與「病人」打交道的過程中感到，醫學分支越來越多、醫學分工越來越細，每一個醫生看病時只能看見樹木不見森林，只看見一個個具體的病症而難以詳細瞭解具體的病人。尤其是當下醫患關係劍拔弩張、逐漸對立，而且過渡醫療大量出現，整個社會都在「怨聲載道」中行進時，不得不使我安下心來思考一個最基本的問題：什麼是病？（what is the disease？）

先看看書上的定義：疾病是身體在一定原因的損害性作用下，因自穩調節紊亂而發生的異常生命活動過程。

這樣的定義，不是非專業人群可以理解和運用的。我左思右想，可以這樣來解讀：疾病是人體結構和功能的異常。

首先要建立正常的形態和功能標準，出現了異常變化就可以叫病。

簡單來說，有四種臨床情況：

1、病人總覺得他不舒服難受，或者全身都處在一種無法安寧的狀態，可是各種檢查都正常。這是不是病？當然可以是病了。因為有大量病人的主觀感覺，用現代手段不一定能夠檢測得出來。比如幽門螺旋菌的發現就證明了這一點，沒有發現這種細菌以前，病人胃不舒服就查不出原因的。

醫學到現在還是處於不發達狀態。醫學研究的對象是人體疾病，人類社會發展到現在還只是在周圍徘徊，沒有認識到人體大量的規律。所以說，病人感覺到不舒服，檢查都是正常的，但病是有了，只是我們現在的手段還不能檢測出問題出在哪裡。

2、病人自我感覺良好，可是檢查有問題，當然是有病了。比如，健康查體（健康檢查）中每年都有不少癌症被檢查出來。

3、人體自我感覺良好，檢查也沒有問題，一般認為就沒有病，其實也可以是有病了。這樣的例子太多了。比如，隱匿性甲狀腺癌。常規臨床診斷、影像學檢查（影像檢查：常見有X光、超音波、電腦斷層（CT）、核磁共振（MRI）…等）沒有發現問題，但在顯微鏡下卻發現癌細胞，這種比例可高達30％。

4、自己感覺不好，檢查又有異常，這時候說有病很容易被接受。

這就是說，原本正常的人體（包括結構與功能）出現了異常（看得見和看不見的），就叫疾病。也就是說，我們每個人，儘管自我感覺良好，也可能已經有「疾病」了。還有就是，用現代先進儀器檢查出「異常」是病，查不出來，也可以有病（方法還不足以達到查看到）。

嗚呼，一切盡在「自然」中！

病痛、痛苦、苦難＝疾病的三個層次

對於人體結構功能以及生理和心理諸多「異常」，中國人用的是「疾病」兩個字。如果把「疾」字的病字旁去掉，裡面是個「矢」，「有的放矢」的「矢」。「矢」就是「射箭」的「箭」。暗指那些從外而來侵害你身體的「病原體」，就像一支支射向你身體的暗箭。比如，細菌、病毒、黴菌、寄生蟲等病原體，一旦侵入你的身體引起病痛，就叫「疾」。

「疾」還有一層含意就是疾馳。也就是說，這些病痛往往來得快，去得也快，它是從身體外面侵入的，最後肯定還得從身體裡面清除出去，病原體只是身體中匆匆的過客。

再看「病」字，把邊框去掉就是個「丙」字。在中國文化當中，「丙」是火的意思。在五臟裡面，丙又代表心。所以，「丙火」又可以叫「心火」。心裡有火，人就得病了。

另外，「心火」翻譯成現在的話就是被壓抑的情緒，就是失調的七情六慾。七情主要是：喜、怒、憂、思、悲、恐、驚。六慾是：求生慾、求知慾、表達慾、表現慾、舒適慾、情慾。

由此可見，七情六慾是指人們與生俱來的一些心理反應。不同的學術、門派、宗教對七情六慾的定義稍有不同。但是所有的說法都承認七情六慾是與生俱來並且不可或缺的。

這樣解讀一下中國人的「疾病」二字，可以歸納為：外來的病原體和內在的不平衡綜合起來就是人體的「異常」狀態，也就是叫做「疾病」了。

再看看西方人用的有關疾病的語詞：

Disease：疢病、病、症、病症、疾、症候。

Disorder：紊亂、毛病、不適。

Illness：疾病、病、病症、發病、疾、症、毛病、恙。

Sickness：疾病、病、嘔吐、疾、作嘔、恙。

Ailment：病、病痛、恙。

Suffering：痛苦、苦難、苦、災難、苦痛、疾苦、苦楚、苦頭、罹、疾、楚、苦處、熬煎、苦水、辛。

這裡，常用的六個詞語，涵蓋了更為廣泛的情形和狀態。

如果我們將中國人和西方人對人體經受相似的情形和狀態結合起來，那麼是否可以理解為：

人體的疾病具有三個層次：

第一層次：身體生理上的「異常」稱為：病痛。

第二層次：身體生理上的病痛加上心理上的「異常」，稱為：痛苦。

第三層次：當痛苦在時間（年月日）空間（家庭、社會）上達到一定程度時，稱為：苦難。

生命少不了伴隨著的「疾病」，細想起來，名堂還真不少呢。你到底有沒有病？如果從三個層次來剖析一下，其中的滋味，只有自己才能慢慢品嚐得到。

人為何會生病？

知道了什麼叫「疾病」，那麼，隨之而來的問題是：人為何會生病？

人的身體是不是每一個都「具備」疾病？答案是：一生中一定會「發生」過。

人體在正常情況下應該是健康的，但事實上我們的身體卻充斥著大病、小病、新病、老病，可治療與不可治療的病等各種不同的疾病，僅癌症能夠叫得出名稱的就有700餘種，人體疾病的種類目前已經區分出來的有幾千種。如此繁雜的人體疾病，要知道是怎麼得病的，能那麼容易瞭解嗎？尤其是非醫學專業的普通百姓，往往望而生畏，不想深入思考這樣「複雜難題」。

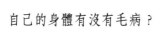

其實，只要將數不清的生病原因歸類後，我們發現不外乎五大類：

1、先天異常；

2、創傷；

3、炎症，

4、腫瘤；

5、平衡失調。

先天異常的原因主要是細胞裡面的分子團（基因）的問題（約佔疾病的1／10）；創傷主要是物理原因（外力作用）引起的（約佔疾病的2／10）；炎症可以是物理的，化學的，生物的（如病毒、細菌，黴菌、寄生蟲）等原因導致的（約佔疾病的3／10）；腫瘤和平衡失調（約佔疾病的4／10），多數至今原因是不清楚的。比如，脂代謝平衡失調，會引起很多血管疾病，冠心病、心梗、腦出血。糖尿病是糖代謝平衡失調導致的。可見，對於多數疾病來說，主要原因是不清楚的。

這樣一來，我想大聲說一句：醫學對於人體、疾病的認識還處在「幼年」階段！猶如一場戰爭，如果對於對手的情況瞭若指掌，取勝是有把握的；反之，如果對於對手所知甚少或者一無所知，怎麼可能獲勝呢？對於我們的身體來說，千萬不要誤以為科技多麼先進了，醫學多麼發展了，疾病已經不可怕了。情況恰恰相反，人類對於自己身體疾病的瞭解，只有少數是知道疾病的原因的，多數卻所知甚少的。

哈佛醫學院院長曾經在新生入學時做過這樣的講話：「歡迎各位的到來，你們都是今天步入醫學界的佼佼者。」

眾人聽了，無不得意洋洋。

院長接著說：「十年或二十年後，在座的當中可能有人能治好癌症，有人能治好糖尿病，甚至還有更厲害的，能治好感冒。」眾人轟然大笑。

院長卻不為所動，繼續著自己的講話：「自從人類有文字以來，醫學史上記載下來的疾病種類已超過幾千種。如今我們天天在說科學進步，醫學昌明，在座的各位是否知道，在這些有史為證的幾千種人類疾病中，我們今天已經瞭解並且能夠徹底治療的到底有多少種呢？」

眾人好奇，交頭接耳，議論紛紛。

過了一會，院長說出了一個數字：「42」。

眾人愕然。

只見院長語氣沉靜地說：「沒錯，同學們。我們今天已經真正瞭解而且能夠完全有效地進行治療的疾病，只有42種。其餘的，我們都只是在猜。」

瞭解了這一點，我們唯一可行的就是「走一步看一步」，採取「防禦戰術」，先構築堅固的防禦工事。哪怕是事後發現是「多此一舉」，只要「城門不失」，那也是值得的。

世界上最寶貴的應該是人的生命。人的生命只有一次，對誰都一視同仁。對於生命，放在第一位的應該是健康，沒有健康，生命也就失去了應有的意義和價值。對於健康，人類還處在幼年階段，對多數疾病連原因都還不清楚，目前唯一可行的就是警鐘長鳴，時刻愛護自己的身體、構築預防性的堅固工事。

如何知道身體有沒有病？

又到節日長假時，朋友紛紛問健康。

千言萬語道不盡，健康底線第一樁。

一、窮人（不花錢）的底線：

1、吃得香（食慾好）

2、睡得香（休息好）

3、二便暢（大小便通暢）

4、體重不超（身高減去100後的數為體重的公斤）

5、血壓不高

6、女性學會摸自己的乳房、學會觀察自己的月經

二、小康人家的底線：

在不花錢的基礎上加上下面的內容：

1、血尿便化驗（血細胞數、血脂、血糖、肝腎功能、病原體等）

2、腹部超聲（超音波）（女性加上婦科超聲（超音波））

三、富人的底線：

在以上的基礎上加上以下內容：

1、胃鏡

2、腸鏡

3、血液化驗（內分泌激素、腫瘤相關抗原等）

4、腦MRI（核磁共振攝影；磁振造影）

5、胸部CT（電腦斷層掃描）

6、男性前列腺

7、心臟血管CT（電腦斷層掃描）

8、PET（正電子成像（正子造影））

猶如汽車大修一樣，如果一切檢修完畢，那麼，你的身體這部車子就可以放心上路，安全行駛了。不然，隱患和故障說不準何時就會「爆發」一下，讓你「馬失前蹄」，後悔莫及。

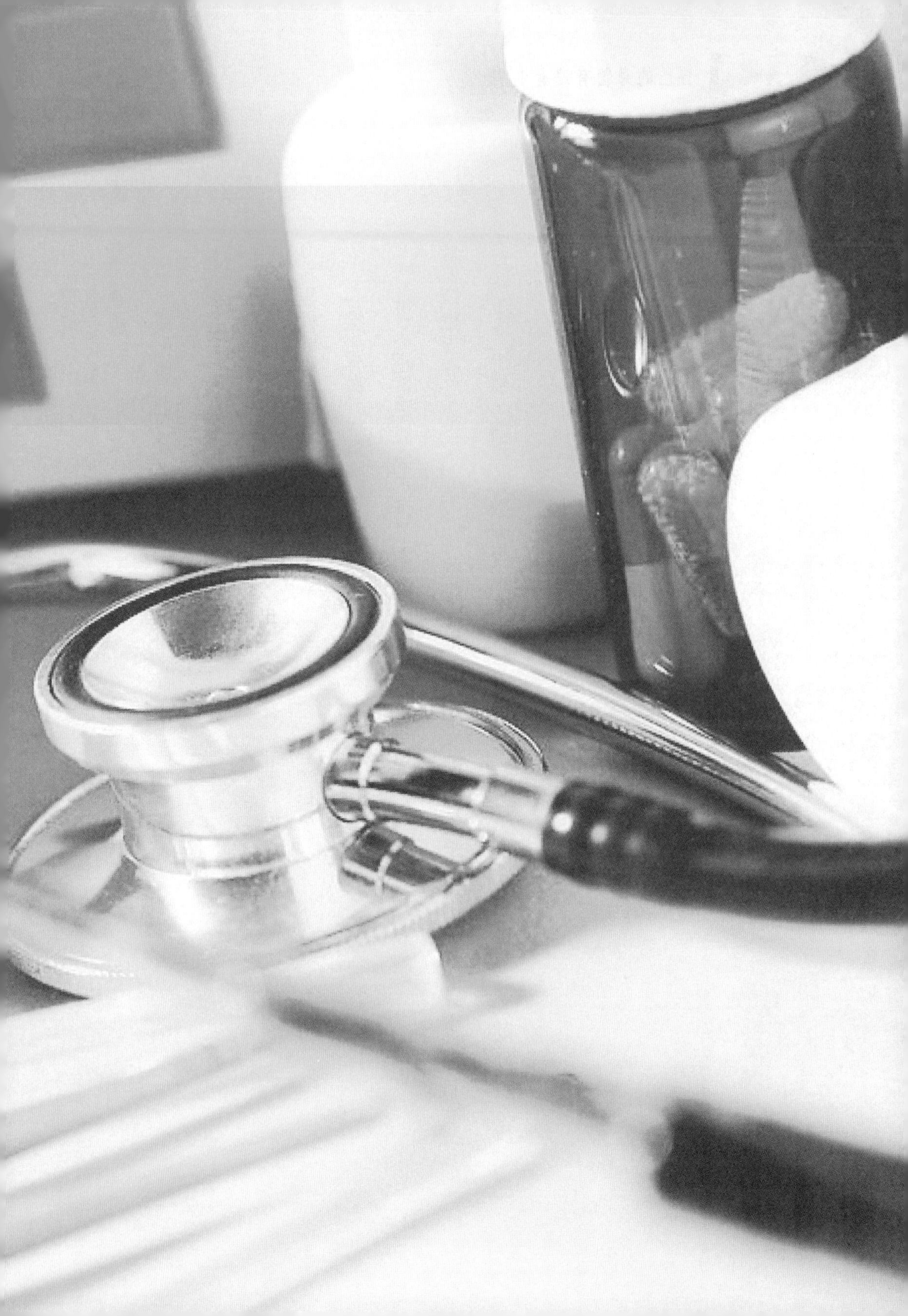

Chapter 2

「感冒」是自己好的

每個人從小到老，幾乎沒有不感冒的，因而，也多多少少有自己的體會。但是，到底如何正確對待感冒，並不一定都很清楚。

首先，現在已經明確，感冒是由病毒引起的，主要造成上呼吸道（鼻、咽、喉）的急性炎症。

所謂病毒，是自然界環境之中以一種有機物的物質形式存在的微生物。病毒自身不能繁殖後代，但它進入細胞之後，可以控制細胞，使其聽從病毒生命活動需要，表現病毒的生命形式。因此，病毒是由一個或幾個核酸分子組成的基因組，有一層蛋白或脂蛋白保護性外殼，且可在一定宿主細胞中自我複製的感染性因數。

能讓人類產生疾病的病毒千變萬化，但有一個特點是「靶向性」，即一種病毒往往專門喜好進入人體特定部位的細胞，比如，肝炎病毒喜歡感染肝細胞，腦炎病毒感染腦細胞。感冒病毒則喜歡進入人體的鼻咽喉部表面的上皮細胞。

鼻是呼吸道的起始部，分為外鼻、鼻腔

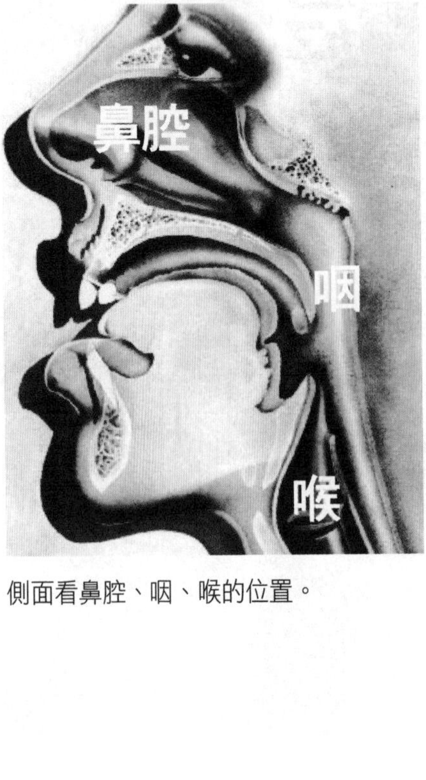

側面看鼻腔、咽、喉的位置。

和鼻竇三部分。鼻腔是由骨和軟骨圍成不規則的空腔，其內面覆以黏膜和皮膚。鼻腔被鼻中隔分成左、右兩腔，向前以鼻孔通外界，向後以鼻後孔通於咽腔。每側鼻腔均分為前、後兩部，前為鼻前庭，後為固有鼻腔。

固有鼻腔為鼻腔的主要部分，臨床上常簡稱為鼻腔，由骨性鼻腔被覆以黏膜構成。在其外側壁上可見上鼻甲、中鼻甲、下鼻甲，以及各鼻甲下方分別形成的上鼻道、中鼻道和下鼻道。鼻腔的內側壁為鼻中隔，由骨性鼻中隔和鼻中隔軟骨覆以黏膜而構成。

固有鼻腔的黏膜可分為嗅部和呼吸部。嗅部位於上鼻甲和與上鼻甲相對的鼻中隔部分。黏膜內含嗅細胞，能感受嗅覺刺激；呼吸部為嗅部以外的部分，含有豐富的血管、黏液腺及纖毛，可調節吸入空氣的溫度和濕度；以及淨化其中的細菌和灰塵。

鼻腔和口腔的後部叫「咽」，咽部的下面是「喉」。咽部一邊有一個窩，窩裡面有一個小球，叫扁桃體。感冒時，除了鼻子症狀，主要是咽部不舒服，扁桃體發炎，再往下到喉部便出現聲音改變。咽喉可以說是身體內臟器官跟外界的交界部位的第一道天然的屏障，也是一個防禦陣地，像打仗一樣，這是前沿陣地，有重兵把守，因為此處埋伏著成千上萬個淋巴細胞，在沒有異常情況的時候，它們就在那兒悄悄的埋伏著。外界一旦有入侵的病原體，這個地方首先起反應，扁桃體為什麼經常發炎的道理就在於此。發炎

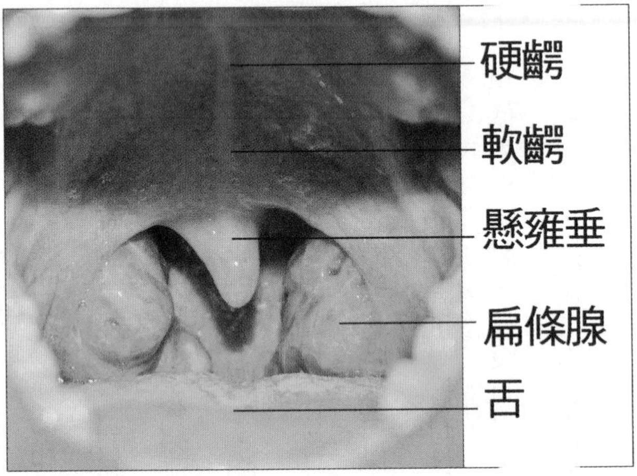

張開嘴巴看到的咽部。

一定是身體有反應了，是一件好事情。

感冒病毒在鼻腔、咽喉部被阻擋住後，就與此處的多種淋巴細胞、上皮細胞「搏鬥」交戰起來，「殺聲震天」，驚動了身體的指揮部，於是，抗體被「派遣」到了陣地上加入戰鬥。幾天後，入侵的病毒被控制，鼻咽部的細胞也犧牲了一大批。這一次的感冒宣告結束。接著，身體趕快修復戰場地區被破壞的細胞和重新構築防線，訓練新的戰士，迎接下一場的撕殺。整個過程，只要身體本身沒毛病，對付感冒病毒，是完全可以一步步有條不紊地取得最後勝利的。

如果這第一道防線都防不住。那病原體就可以侵入到下面深部器官。引起感冒的繼發性病變，最多見的是從咽喉向下到支氣管和肺。

圍繞感冒的治療，有兩大錯誤：一感冒發燒就用抗生素、一感冒發燒就輸液。而感冒發燒到什麼程度要用抗生素，到什麼程度得輸液，對於大眾來說，心裡也沒準數。這是中國當今的兩個「嚴重」問題。抗生素只對細菌有用，對病毒無效，這是個常識。所以，感冒時先弄明白是病毒還是細菌感染（檢查一下血液裡面的白細胞（白血球），如果中性白細胞（白血球）超過1萬，多為細菌，白細胞（白血球）低於5千，多為病毒）。

如果是病毒，就不用抗菌素。如果自己能夠喝液體性物質（主要是補充每天必須的水分），就不用從血管裡給液體（輸液）。感冒病毒幾天後就會被身體自己的抗病力消滅掉，不需要任何藥物的。這時關鍵點就是好好休息、安寧、舒適、營養、溫度、空氣、濕度等，使得身體可以一心一意地對付入侵的病毒。當然，這是指身體本來是沒有「基礎」疾病而處於原本大致正常狀態下的前提。

如果身體本來有一些慢性疾病的基礎，比如老年性慢性支氣管炎、肺氣腫、肺心病等，呼吸功能差，這時出現了病毒感染的感冒，就不一定完全靠自己休息就能徹底恢復了，而是要注意感冒引起原來疾病的加重和發展。

感冒發燒，小事一樁。可就是這點小事，還真未必人人都能弄明白。

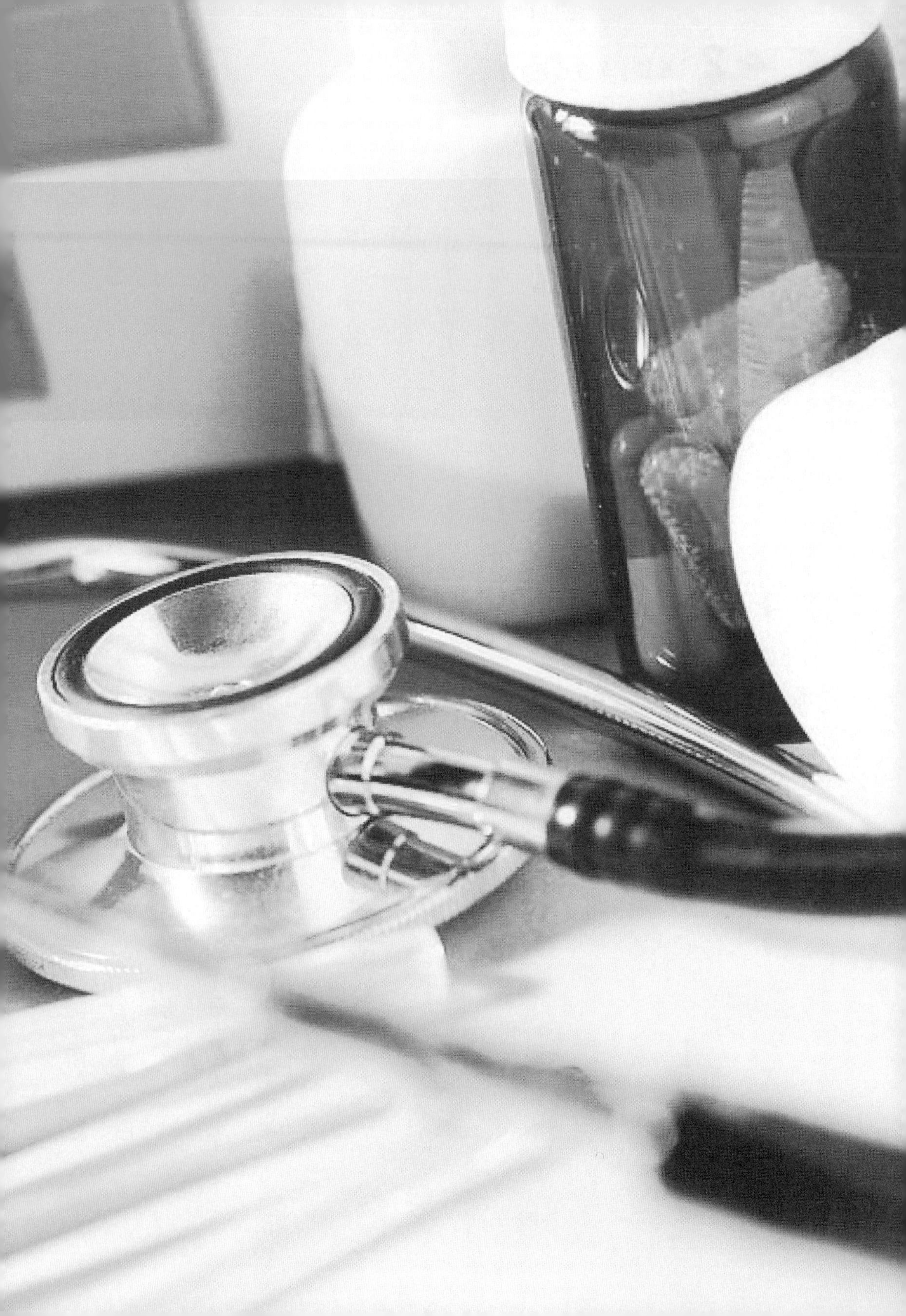

Chapter 3

使勁侃侃免疫力

一、人的身體處在「水深火熱」之中

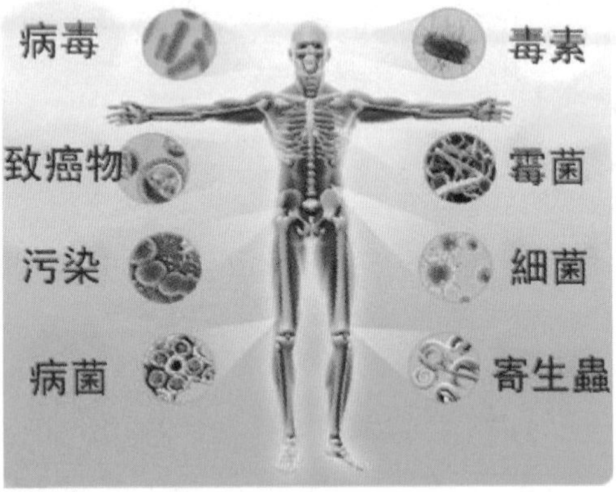

人體隨時處在致死性因素的包圍和侵襲中

在大自然的環境裡，任何生物都處在各種各樣的致命的因素包圍和侵襲之中，「高貴」的人體也不例外，比如隨時威脅人體生命的就有：病毒、細菌、黴菌、寄生蟲、毒物等。

二、人體靠逐步建立的免疫力抗禦各種侵襲

嬰兒出生時頭六個月內，靠母體提供的免疫力保護著自己不被各種致病因素侵襲而健康成長，六個月後，就要靠自身一步步建立起抵抗各種病原體的免疫力了。

到了青少年階段，經歷了接種疫苗、病毒、細菌、黴菌、寄生蟲等各種致病因數的接觸和識別，自身的免疫力就基本建成完善了，這就叫人體的免疫系統，它是人體抵禦病

原菌侵犯最重要的保衛系統。

「雖不是銅牆鐵壁，卻堅固異常！」這個系統由免疫器官（骨髓、脾臟、淋巴結、扁桃體、小腸集合淋巴結、闌尾、胸腺等）、免疫細胞（淋巴細胞、單核吞噬細胞、中性粒細胞、嗜鹼粒細胞、嗜酸粒細胞、肥大細胞、血小板【因為血小板裡有IGG】等），以及免疫分子（補體、免疫球蛋白、干擾素、白細胞（白血球）介素、腫瘤壞死因數等細胞因數等）組成。

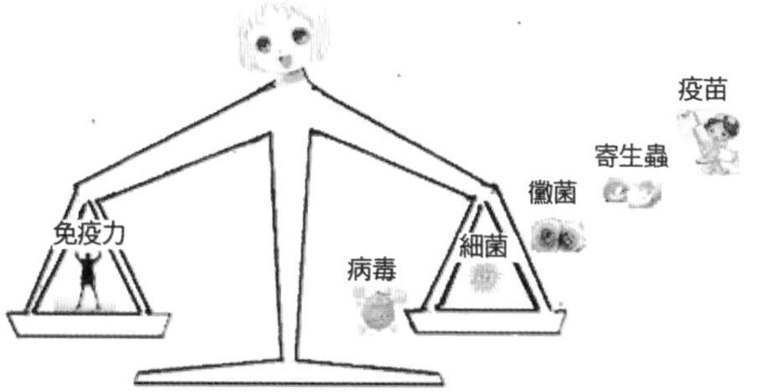

兒童階段逐步建立起自身的免疫力。

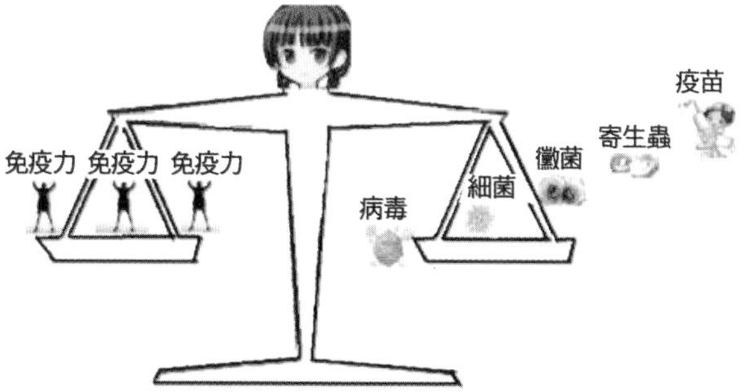

完善的免疫力建成。

三、免疫力與致病因數之間的平衡是人體維持健康的關鍵

在自然界無處不有的致病因數高高低低的包圍及侵襲中，一個人要想不得病，必須時時處處保持與致病因數抗衡的動態變化中。只要「水漲船高」保持著這樣的平衡，就是身體最佳狀態。

免疫系統對所遇到的每種病原體（抗原）均有記憶，無論是透過肺（呼吸）、腸（食物），或是皮膚而來的病原體，都被免疫力（主要是淋巴細胞）所認識並記住了，當免疫力（淋巴細胞）再次遇到已經遇到過的病原體（抗原）時，它們對這種抗原產生快速、充分的特異性反應，把病原體消滅。這就是為什麼人不會患兩次天花或麻疹，以及接種疫苗為什麼能成功預防疾病的原因。而且，這種認識、記憶、反應是一對一（抗原對抗體）的模式，猶如一把鑰匙開一把鎖，一矛對一盾。

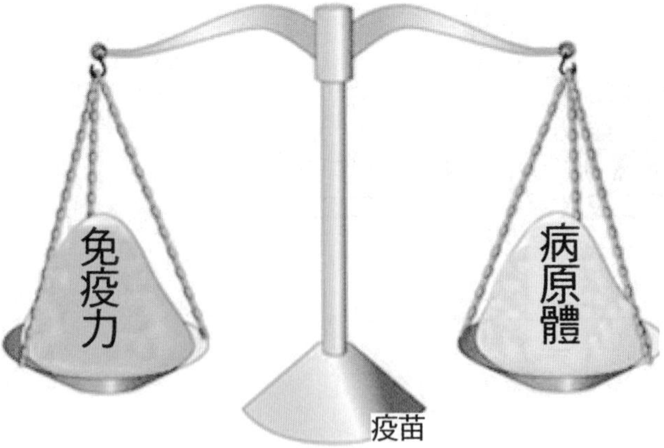

身體的免疫力與致病因數保持平衡。

四、免疫力低了容易得病

由於人體處在各種病原體的包圍和侵襲之中，一個人體內的免疫力一刻也不能低下或缺乏，一旦低下或缺乏，隨之而來的就是得病（主要是各種感染）。無論新生兒、兒童或成年人一旦出現反覆發生的嚴重感染，並對抗生素治療無反應時，顯示存在著免疫力低下的問題。比如，人們熟知的愛滋病，就是因為愛滋病毒專門破壞人體的免疫力，結果出現無法控制的各種感染而死亡。

當病原體（比如病毒）侵犯的時候，這時自身的免疫力就猶如一個勇猛的武士，用其靈敏的觸覺即時發現了敵人，於是整合自己的裝備製造一堆武器——這樣那樣的「細胞因數」，拉響警報，奮力前衝。這時呈現的是一幅戰爭的場面，

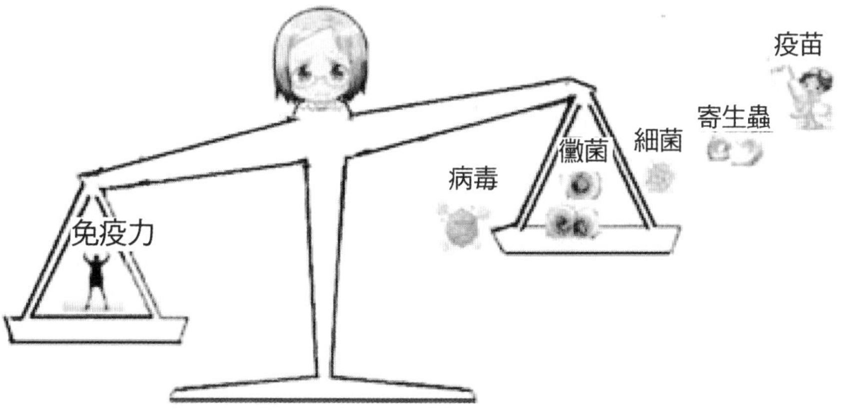

免疫力低下時多種感染就會發生。

除了悲壯，還有慘烈，留下的是滿目瘡痍。經過了一場自衛反擊戰過後，身體也經歷了一場戰爭的洗禮，免疫力擊退了病原體，保護了身體的健康。

由此看來，對於可貴的免疫力，我們是不是應該精心呵護呀？

五、免疫力高了同樣會得病

人們往往只關注「增強免疫力」的事，卻不瞭解或不重視免疫力高了會怎麼樣，甚至誤認為免疫力越高越好，這就大錯特錯了。免疫力只有保持平衡才是健康的狀態，一旦免疫力過高，出現的異常情況是：

1、對身體外部的物質反應過渡（過敏）：幾乎所有物質都可成為變應原，比如塵埃、花粉、藥物或食物，它們做為抗原刺激身體產生不正常的免疫反應。

常見病變為：變應性鼻炎（過敏性鼻炎）、過敏性哮喘、蕁麻疹（風疹塊）、變應性結膜炎（過敏性結膜炎）、食物過敏。

食物不耐症：常見的食物變應原（過敏原）為牛奶、蛋類、牡蠣、堅果、小麥、花生、大豆、巧克力等。

物理性過敏是因某些物理性刺激，如寒冷、日光、熱或輕微損傷引起變態反應出現的症狀。

有些人運動後可引起哮喘或急性過敏反應。

2、對身體內部自己的組織細胞產生反應，比如：

結締組織疾病：類風濕關節炎、系統性紅斑狼瘡、皮肌炎、硬皮病。

神經肌肉疾病：多發性硬化症、重症肌無力、脫髓鞘疾病。

內分泌性疾病：原發性腎上腺皮質萎縮、慢性甲狀腺炎、青少年型糖尿病。

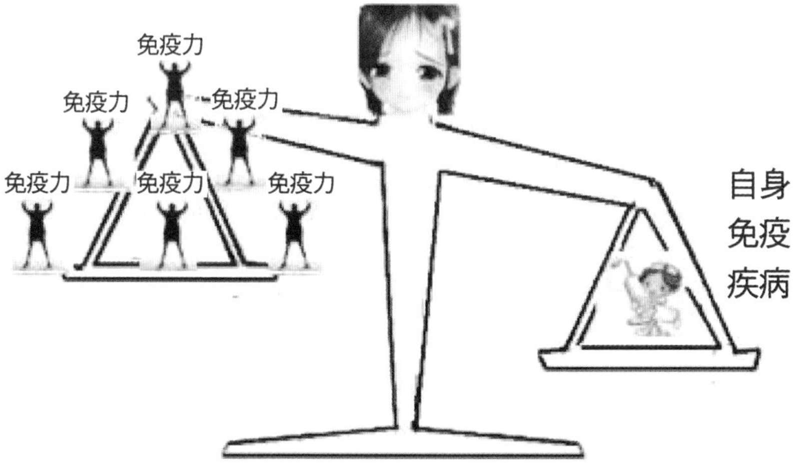

免疫力過高出現自身免疫病。

消化系統疾病：慢性非特異性潰瘍性結腸炎、慢性活動性肝炎、惡性貧血、萎縮性胃炎。

泌尿系統疾病：自身免疫性腎小球腎炎、肺腎出血性綜合症。

血液系統疾病：自身免疫性溶血性貧血、特發性血小板減少性紫癜、特發性白細胞（白血球）減少症。

「理論高於生活，卻也來自於生活」，那我們就回歸生活！其實免疫力可以看作我們身體裡一道無形卻巨大的屏障，而且這個屏障比當下什麼高科技防護感應裝置都靈敏，靈敏得讓你防不勝防。何以見得？看那美麗的花園：花開滿枝頭，花香四溢飄。你忍不住走過去，欣賞……卻突然一個噴嚏，「好事」成雙，又一個噴嚏，一個接一個……趕緊走吧，這是你的鼻子在抗議了。花粉過敏……這時候的免疫警報真是大煞風景！再不走，你的皮膚上都很有可能長出紅點點、小疙瘩，先不說有什麼傷害，那一個勁的癢，就夠你抓半天的。此時，你肯定會覺得你自身的「花粉免疫」是個多事佬。還有吃海鮮，看到鮮美無比的蝦蟹就衝過去，還沒來得及吃，剛一動手，這手上胳膊上就已經是紅點斑斑了。如果嚴重還會危及生命呢！

「都是你的錯，免疫惹的禍」。

可見，免疫力高了，身體就再也沒有安寧之日了。

免疫系統分佈全身，錯綜複雜，特別是免疫細胞和免疫分子在身體內不斷產生、循環和更新。免疫系統具有高度的辨別力，能精確識別自己和非己物質，以維持身體的相對穩定性；同時還能接受、傳遞、擴大、儲存和記憶有關免疫的資訊，針對免疫資訊發生正和負的應答並不斷調整其應答性。因此，免疫系統在功能上與神經系統和內分泌系統有許多相似之處。

由此來看，人體免疫力的自我穩定是人體得以保持健康的唯一可行之路。

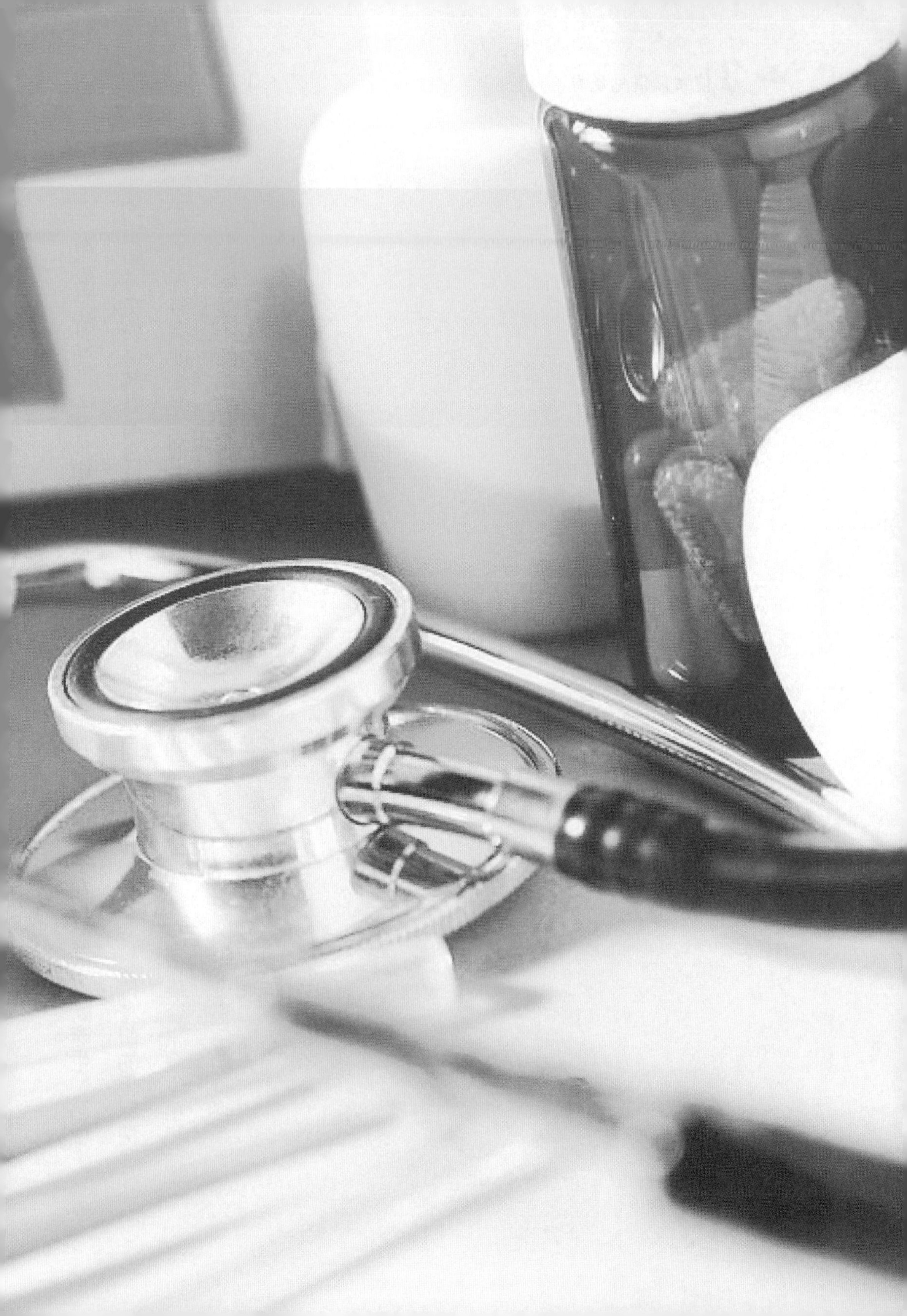

Chapter 4 到底該吃什麼？

千百年來，人們在養生之道上提出了數不清的「吃」的妙方，並且深信「吃什麼補什麼」。人們甚至把長生的希望也寄託在飲食上，以致於「吃什麼」成為不少人活下去、活得好的理想目標。其實，這句話本來是反過來說的，即人的身體需要「補什麼」，那就「吃什麼」。因為按照中國人的醫典《黃帝內經》的說法，「後天」之人，在一生的日子裡，「先天」的身體是在一天天受到「虧損」，於是就不能長壽了。如果能在身體「虧損」發生時即時發現並「補虧」，即是「虧什麼」就「補什麼」，也就要「吃什麼」。確定了要「補什麼」，就確定了要「吃什麼」。接下來的「吃什麼」，那就名目繁多了。於是，養生家們就可以在「吃什麼補什麼」大做文章了。

果真人體能「吃什麼補什麼」嗎？

雖然人類的食物種類有千千萬，但無非是三大類：動物性食物、植物性食物、加工類食物。人之所以要進食物，說到底是需要食物提供人體存活必需的蛋白質、脂肪、澱粉（糖）、維生素、礦物質以及水。

一切從嘴巴進入人體的食物（固體和液體），一定要經過人體的消化系統的運作過程，最後從肛門排出體外。整個行程中要完成數不清的步驟和細節，歸納起來主要是兩件大事：消化和吸收。消化的目的是為了吸收。

先看看消化：

人體消化的方式有：

（1）機械性消化或物理性消化：透過消化道肌肉的舒縮活動，將食物磨碎，並使之與消化液充分混合，並將食物不斷地向消化道遠端推送；

（2）化學性消化：透過消化腺分泌的消化液來完成，消化液中所含的各種消化酶能分別將糖類、脂肪及蛋白質等物質分解成小分子顆粒。

目前已經知道的消化的主要環節有：

口腔：初步消化澱粉。

胃：初步消化蛋白質。

誘人的食物。

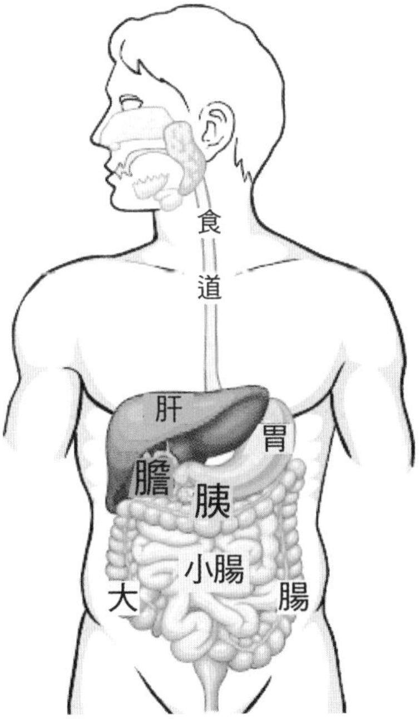

食物從嘴巴到肛門的整個消化系統。

小腸：進一步消化蛋白質、脂肪、澱粉。

主要的消化部位是小腸，因為在消化道中只有小腸內有徹底消化蛋白質、脂肪、澱粉的消化酶。

再看看吸收：

人類腸道吸收的物質歸為六大類：蛋白質、脂肪、醣、維生素、無機鹽（礦物質）、水。

主要的吸收環節有：吸收的主要部位在小腸（空腸及回腸）。小腸能吸收葡萄糖、氨基酸、甘油、脂肪酸，以及大部分水、無機鹽（礦物質）和維生素。

胃：能吸收少量的水、無機鹽（礦物質）和酒精。

大腸（結腸和直腸）：能吸收少量的水、無機鹽（礦物質）和部分維生素。

先看看人類小腸。整個腸管是食物吸收的主要部位。管腔內層不是平的，看上去是一條條緊密排列的彎彎的黏膜皺襞。

食物吸收到血液內皆為小分子物質。

再把腸壁放大來看，小腸全層從內向外分為黏膜、黏膜下、肌肉、漿膜共4層。

小腸腔內黏膜面與食物接觸的皺襞放大可以看到是由大量密集的絨毛組成。

每一根絨毛由外周一層上皮細胞，中心是淋巴管組成，上皮細胞表面還有微絨毛。

這些結構使腸內的吸收面積擴大到200平方米（平方公尺；m^2），比一個排球場還大，可以想像一餐吃的兩碗飯分攤在這麼大的面積上四、五個小時，營養物質的吸收一定很充分。而且絨毛壁的一層上皮細胞和絨毛內有豐富的毛細血管和毛細淋巴管都有利於營養物質的通過和吸收。腸腔裡的任何物質，要進入人體，至少要通過五道關卡：小腸絨毛的上皮細胞、基底膜、間質、淋巴管外膜、淋巴管內皮細胞。

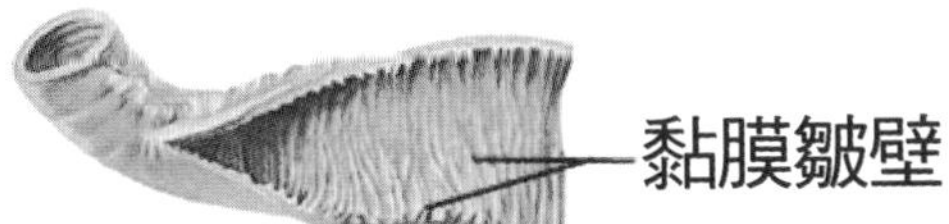

人體小腸一段剖面。

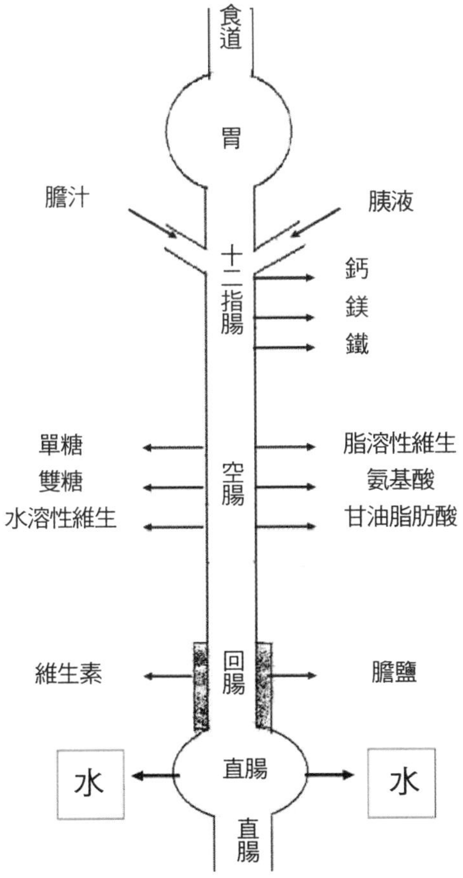

人體吸收的主要物質與部位。

第一道關卡是上皮細胞，它們緊密排列著。任何物質只有先消化分解成一定大小的分子，才能通過細胞膜。此膜本身厚7.5～10納米（奈米；nm），它表面有許多「通道」，大小有限只能允許分子直徑小於0.8納米（奈米；nm）的顆粒自由出入。人吃進胃腸的任何物品，要想通過細胞膜進入血管被身體利用，只有分解成小分子才有可能。比如，蛋白質分解成氨基酸或肽，醣分解成單糖，脂肪分解成甘油酯和游離脂肪酸。

其中葡萄糖、氨基酸、無機鹽（礦物質）等透過細胞的主動吸收，甘油、脂肪酸、水等透過自由擴散方式吸收。其中水的分子量為18，直徑0.20納米（奈米；nm），葡萄糖分子量為180，直徑0.72納米（奈米；nm），氨基酸的分子量亦不超過200，直徑0.66納米（奈米；nm），尿素分子量60，直徑0.32納米（奈米；nm）。這些都是小分子物質，只有如此小分子的東西，才能通過腸黏膜

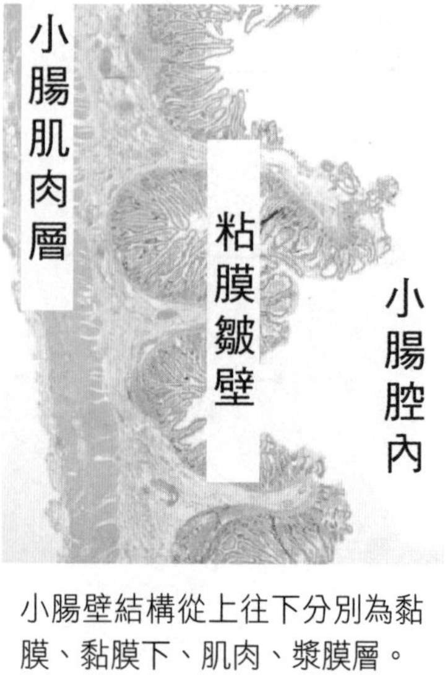

小腸壁結構從上往下分別為黏膜、黏膜下、肌肉、漿膜層。

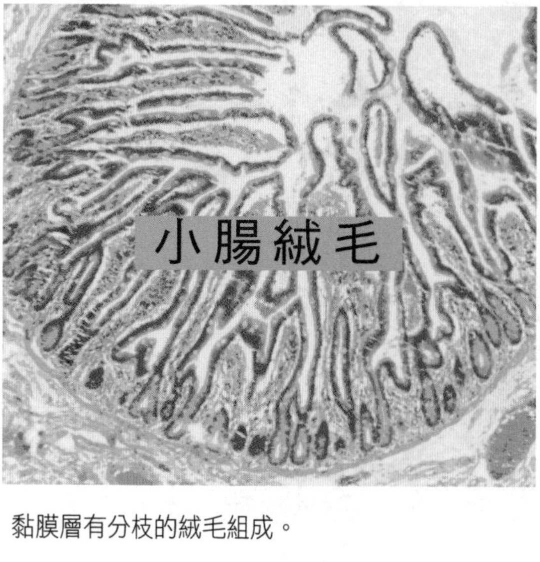

黏膜層有分枝的絨毛組成。

的五道關卡進入淋巴管或血管。

這樣看來，「吃什麼補什麼」不就清楚了嗎？只有能消化分解成小分子的物品（葡萄糖、氨基酸等）才能吸收，不能分解為小分子的任何物品，只好「落花流水春去也」，「乖乖」溜出大腸被排泄掉了。

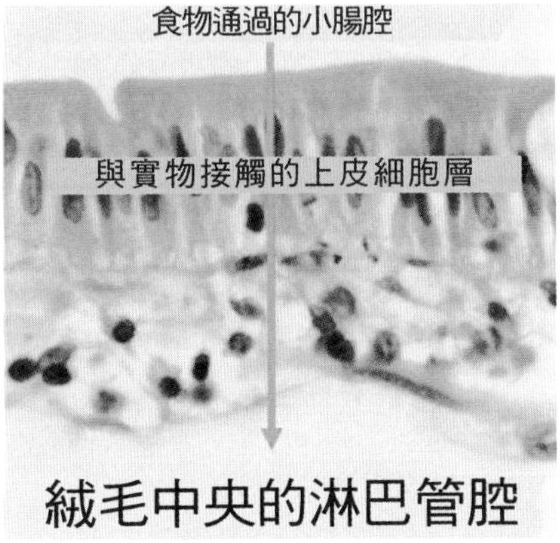

從上往下為腸腔、上皮細胞、基底膜、間質，最下為淋巴管管腔。

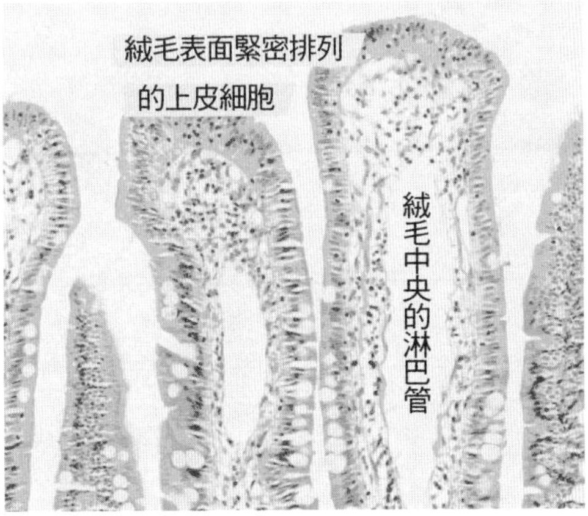

絨毛外周為一層上皮細胞，中心為淋巴管。

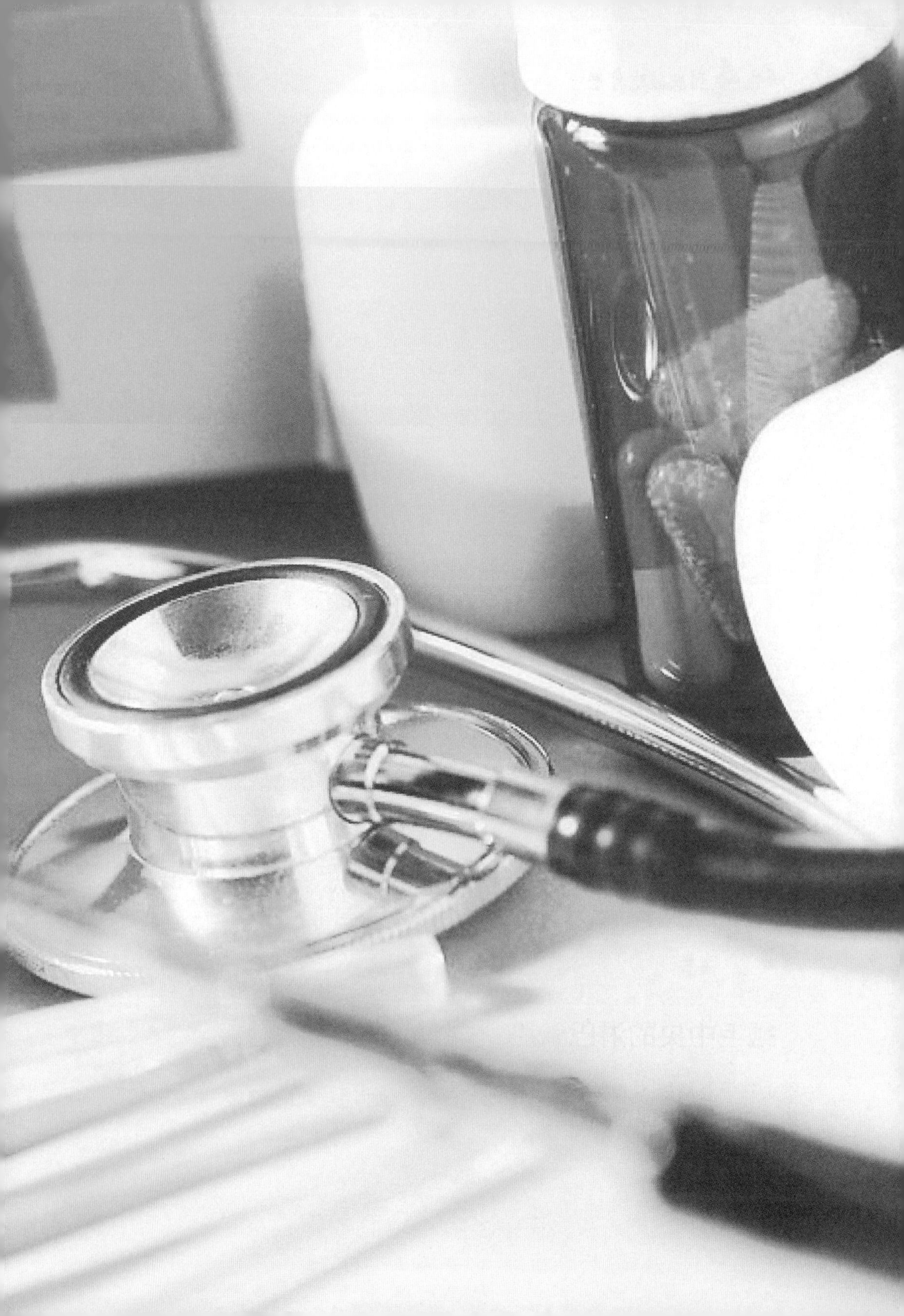

Chapter 5

慢性胃炎靠自己「養」

慢性胃炎靠自養，吃藥打針實多餘

慢性胃炎是大家聽著都很熟悉的一種病。有的人把它想像為一種職業病，比如計程車司機，不能按時吃飯，時間久了，胃就會經常不舒服。時常有人讓我給他們推薦一些治慢性胃炎的藥，想趕快把病治好，不然既影響工作，又痛苦。

由於一九七〇年代纖維胃鏡的問世，人類對於胃病的認識一下子前進了一大步。在胃鏡下可以清楚看到胃黏膜的變化，因此，對於慢性胃炎的認識也就有了根本的變化。

慢性胃炎確實是一種疾病，是消化

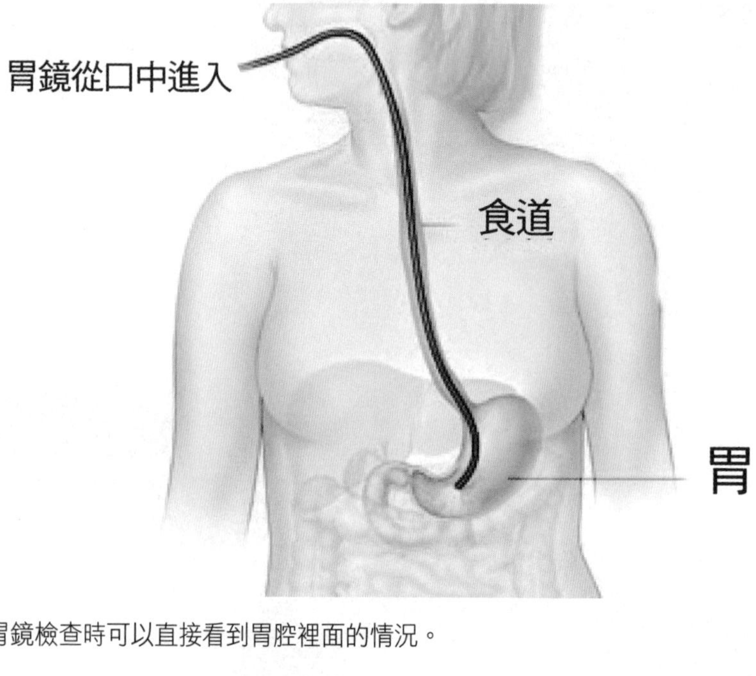

胃鏡檢查時可以直接看到胃腔裡面的情況。

內科常見的一種毛病，在人群中也很多見。那麼，慢性胃炎到底發病的原因是什麼，應該怎麼治，能不能治好，用什麼辦法對付它最有效呢？

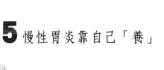

我們在兒童中間很少見過慢性胃炎的患者，十歲以前的兒童你說他是慢性胃炎，兒童醫院消化科（台灣的醫院即是肝膽腸胃科）的醫生都很難相信，怎麼可能啊？太罕見了，幾乎沒有。可是你到成人的綜合性醫院消化科（台灣的醫院即是肝膽腸胃科）去看看，患慢性胃炎的人太多了。這種現象說明了什麼呢？我們可以清楚地看到，隨著年齡的增長，慢性胃炎發病的比例會越來越高。

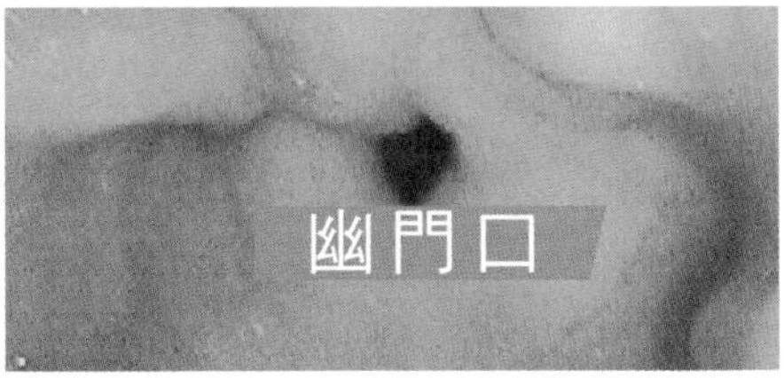

胃鏡看到的正常胃裡面紅潤的柔軟的黏膜面。

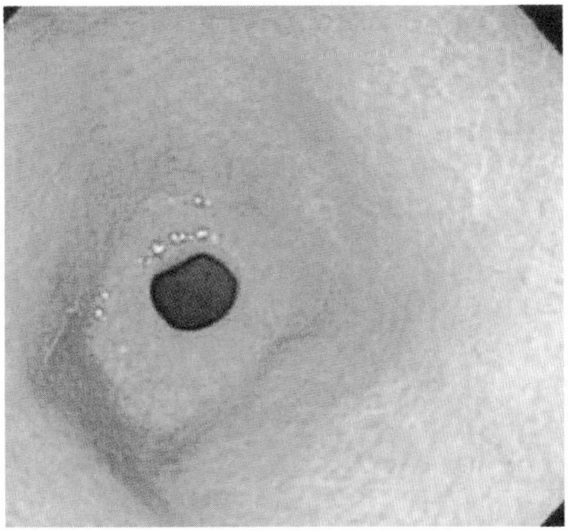

慢性胃炎在胃鏡檢查時的「花斑」樣表現（與上圖比較觀看）

我們的胃平均每天要消化兩公斤的食物，每天、每月、每年，時刻不間斷地為你工作，幾十年下來，它不再那麼光嫩，乾淨，有力。就像你買一部新車，跑五萬公里、十萬公里都不會出什麼毛病，要是跑了五十萬公里，你還敢不管且不顧地放心讓它跑長途嗎？這時就會容易故障，需要經常檢修了。同樣的道理就很容易明白了：在成年人群中，你很難找到一個人，胃裡乾淨得沒有一點發炎的細胞，就像在兒童裡很難找到慢性發炎的胃一樣。所以，如果你被醫生診斷為「慢性胃炎」，你大可以一笑了之，這不算什麼大事，只不過是你的胃在多年的工作消耗後產生的磨損。

但是這也並不是說，只要是慢性胃炎，都沒有什麼可擔心的。這要看你的胃壁磨損的程度。如果是輕度磨損，一年只有一兩次不舒服，每次發作也是兩三天，三四天就過去了，這樣你就沒什麼可擔心的；如果你每個月胃病都會發作，胃脹，吃東西不消化，胃裡的酸液還逆流到食管裡，把食管壁都破壞了，晚上還會痛醒……等等，這樣的情況我們就叫做慢性胃炎急性發作。這時候是不是需要打針吃藥，趕快把它治好呢？我告訴你，仍然不需要去打針吃藥。那麼慢性胃炎急性發作怎樣才能讓它好呢？只有一個要點，一個竅門，不用去醫院，吃藥也是次要的，更不用去打針，這就是讓你的胃好好休息幾天，就這麼簡單。

你想，慢性胃炎急性發作的時候，你會感覺胃脹，而所謂胃脹，就是裡面的食物太多了。可是你又說，我不吃飯胃也漲啊！那是胃裡的氣，是你吃的食物不能正常的消化，發酵了而產生的氣。那為什麼不能正常消化呢？是由於你的胃黏膜不能產生正常的消化液了。

我們的胃是一層皮口袋，每天要由胃黏膜產生胃液來消化你吃進去的食物。所謂急性發作，就是炎症在你胃的黏膜細胞上出現，它把細胞破壞了，破壞以後黏膜不能產生消化液，去消化食物，你就會感覺不舒服。

那麼我讓胃休息一下就能好嗎？答案是肯定的。因為胃黏膜細胞一個星期左右老的就會死掉，新的就會長出來，就像割韭菜一樣，七八天長出新的一茬。在你急性發作的時

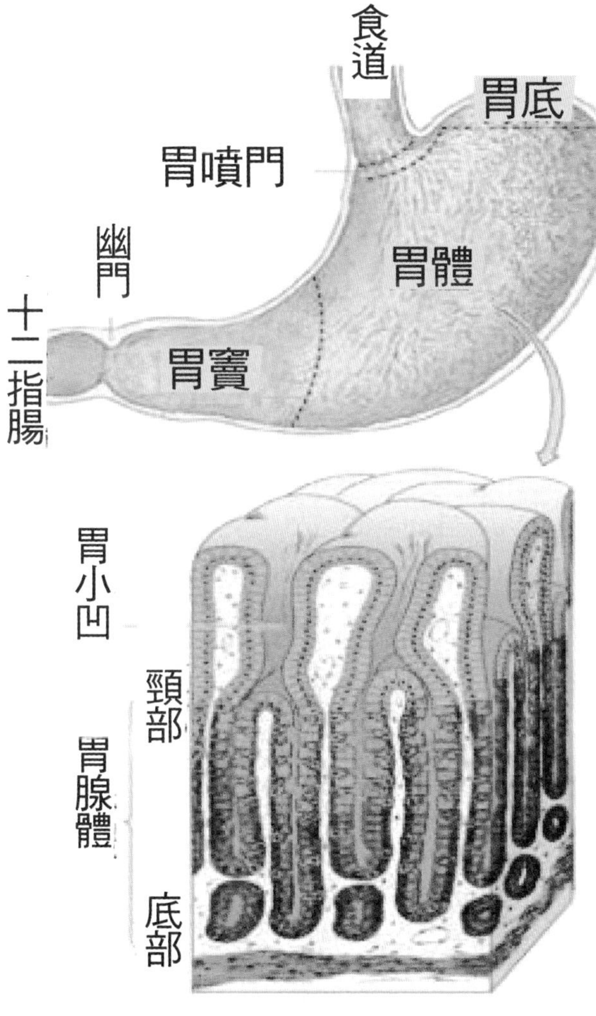

胃幾個部分的名稱和胃體部腺體的示意圖。胃黏膜由腺體組成，腺體分泌胃液由胃小凹流進胃腔消化食物。

候，黏膜上老的細胞被炎症破壞了，如果你還不讓它休息，還繼續吃飯，吃不乾淨的東西，這時候炎症就會繼續發展，它不會消退。所以，你的急性發作就一直存在。而如果這時候你吃一些容易消化的東西，並減少食物的量，盡量讓胃好好休息的話，那麼急性發炎的這一部分細胞，七八天以後就死掉了，新長出來的細胞是好的，可產生正常的消化液體，又能正常的消化食物了。沒有什麼靈丹妙藥可以治好你的胃，而是要靠你好好保護它，讓它休息，減輕它的負擔，等新細胞長起來，你的胃就好了，這一次的急性發作就過去了。

只要注意保護你的胃，不讓它再受新的刺激，你吃不吃藥，吃多貴的藥，其實都是無所謂的。胃藥已經有上百年的歷史，過幾年換一個名字，但是萬變不離其宗，所謂治胃的藥，無非是一種鹼性的藥片，作用就是把你胃裡過多的酸中和一下，讓胃產生的酸度太強的胃液酸度降下來，還有就是讓胃少產生一些胃液，同時讓胃多蠕動，加強它的消化能力。但是光靠吃藥是解決不了胃的問題的，最終還是你自己要保護好你的胃，愛護你的胃，不要讓它超負荷運轉。這樣你的胃才能好好配合你，為你服務，才不會罷工。

Chapter 6

萎縮性胃炎、腸化與癌關係大，有不典型增生需要認真對待

20世紀六十年代開始應用的纖維胃鏡使胃癌的診斷出現了突破性進展，隨著纖維胃鏡的普及，目前已在各大醫院廣泛應用。

纖維胃鏡主要作用是：

1、早期胃癌的診斷，並能使這一批胃癌患者即時手術切除，即能長期無癌存活。

2、對中、晚期癌患者即時明確診斷，以便合理治療。

3、癌前病變的即時發現，定期複查，即時治療，不使之發展成浸潤性癌而療效不佳。

4、對大批有胃癌顧慮的患者明確了無癌的事實，解除了精神負擔，愉快地工作和生活。

我們在日常的胃鏡檢查中感到，由於對胃鏡檢查結果認識不足，存在著一些不必要的誤解，有必要予以澄清。

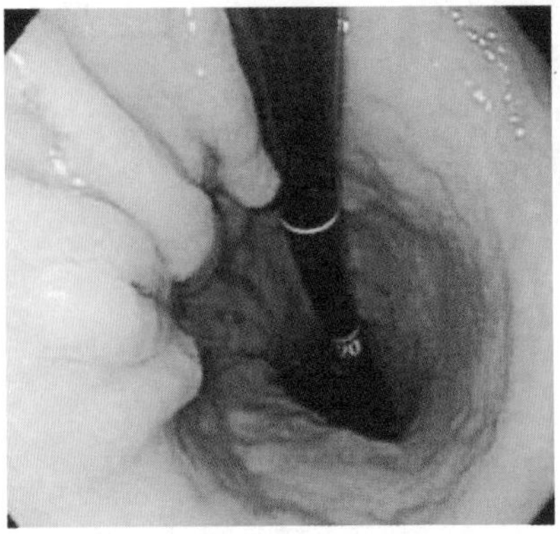

胃鏡伸到胃裡面所見。

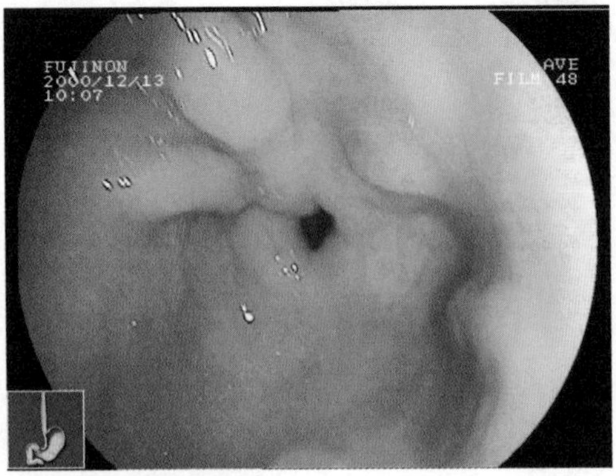

正常胃黏膜胃鏡所見。

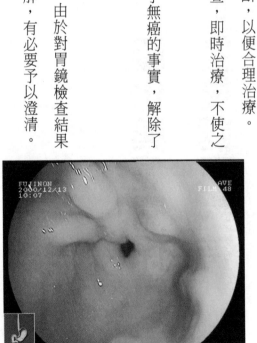

萎縮性胃炎是不是癌前病變，要不要手術切胃？對於慢性萎縮性胃炎與胃癌的關係，在國內外已進行了大量的研究，主要透過對慢性萎縮性胃炎的患者進行長期隨診，以及對早期胃癌癌旁黏膜的檢查來觀察兩者的關係。到目前為止，可以令人信服的結果僅是發現胃癌高發區萎縮性胃炎的發病率亦高，以及癌旁黏膜中萎縮性病變多見，並沒有得出萎縮性胃炎必然會發展成癌的結論。再者，萎縮性胃炎的本質是胃固有腺的減少，而胃癌的本質是胃腺上皮的異常增生，因此，單就萎縮性胃炎來說，並不是做為胃癌的早期信號來對待。

根據我們的觀察，確診胃萎縮性胃炎後如能每2～3年複查一次胃鏡，便不必擔心癌的發生而準備切胃，也不要擔心地每隔半年、一年就又複查胃鏡。如果複查後仍停留在

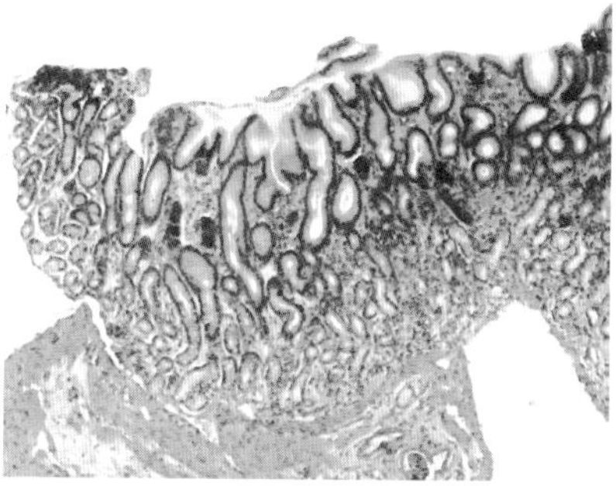

正常胃黏膜組織。

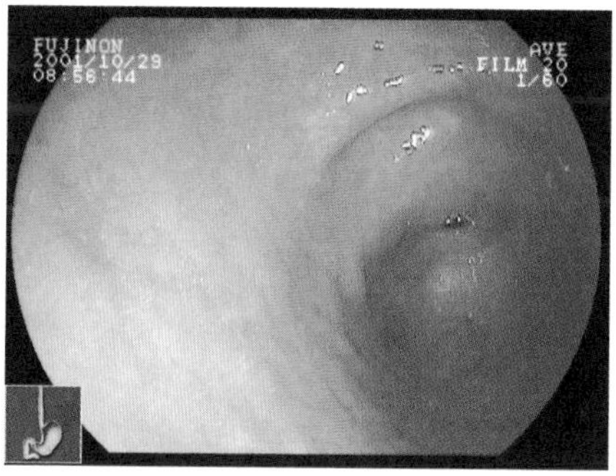

胃鏡所見。

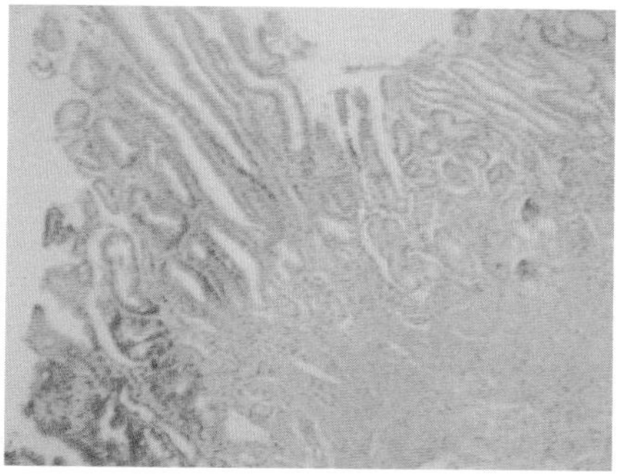

萎縮性胃炎胃黏膜組織。

萎縮性胃炎的水準則更不必過於擔心了。

何謂腸化，與癌有什麼關係？在胃鏡的病理報告中常出現腸化（腸上皮化生）的診斷，是指在胃的腺體中出現了小腸或大腸的腺上皮細胞，腸化越多，胃腺就越少。因此，從本質上說，輕度腸化表示胃腺的輕度萎縮，重度腸化則意味胃腺的重要萎縮，腸化的意義與萎縮性胃炎相似。關於腸化與癌的關係研究發現，腸化分為完全型和不完全型，小腸型和大腸型，其中只有不完全型大腸化生與癌有一定的關係，此時有必要每年複查一次胃鏡，其餘的腸化則看作萎縮性胃炎即可，不必對其過多擔心。

不典型增生是不是癌出現了，要不要馬上切胃？透過動物實驗和人體胃黏膜癌變過程的觀察，發現胃癌細胞不是即刻出現的，而是從正常——增生——不典型增生——癌變逐步形成的。不典型增生可分為三級，即輕、中、重度，輕度不典型增生還有恢復到正常的可能；中等不典型增生大多數會向重度不典型

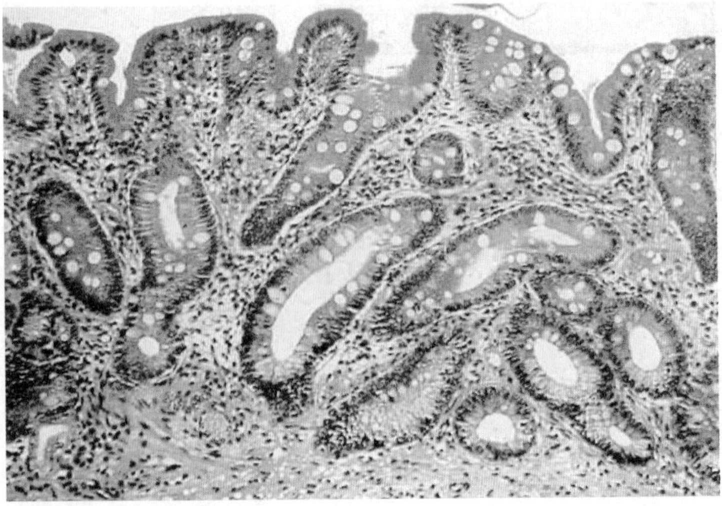

胃黏膜腸化的組織學。

增生發展，少數可長年保持不變；重度不典型增生一般說來，可認為是癌的早期表現。由此可見，對於增生，一年複查一次是可以的。對輕度不典型增生，則不必恐懼，半年複查即可。對於中等不典型增生，則一般三個月複查一次，以觀其發展速度和趨勢。對於重度不典型增生，如有條件，可考慮手術切除治療。我們也遇到少數病人，即使是重度不典型增生，未手術治療，數年後仍未發展成浸潤癌。因此，對於不典型增生應視其程度不同而採用不同的態度。再則，由於理論上劃分難度很大，因此，當遇到不典型增生時，多讓有經驗的病理醫生看看，對於處理得當是很有好處的。

總之，在我們這個胃癌如此高發的國家裡，對於進入壯年的人來說，為了有效地免除胃癌的威脅，接受胃鏡檢查是必要的。正確認識胃鏡檢查結果，不要被一些不確定的名稱嚇倒，正確預測今後的發展並制訂相應的合理方案，十分重要。

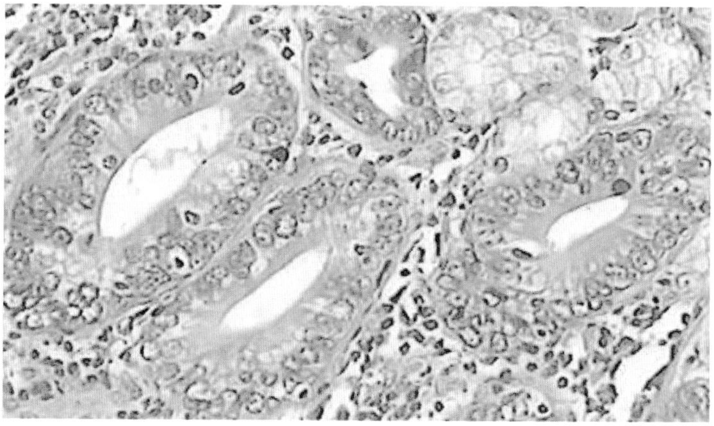

胃黏膜不典型增生的組織學。

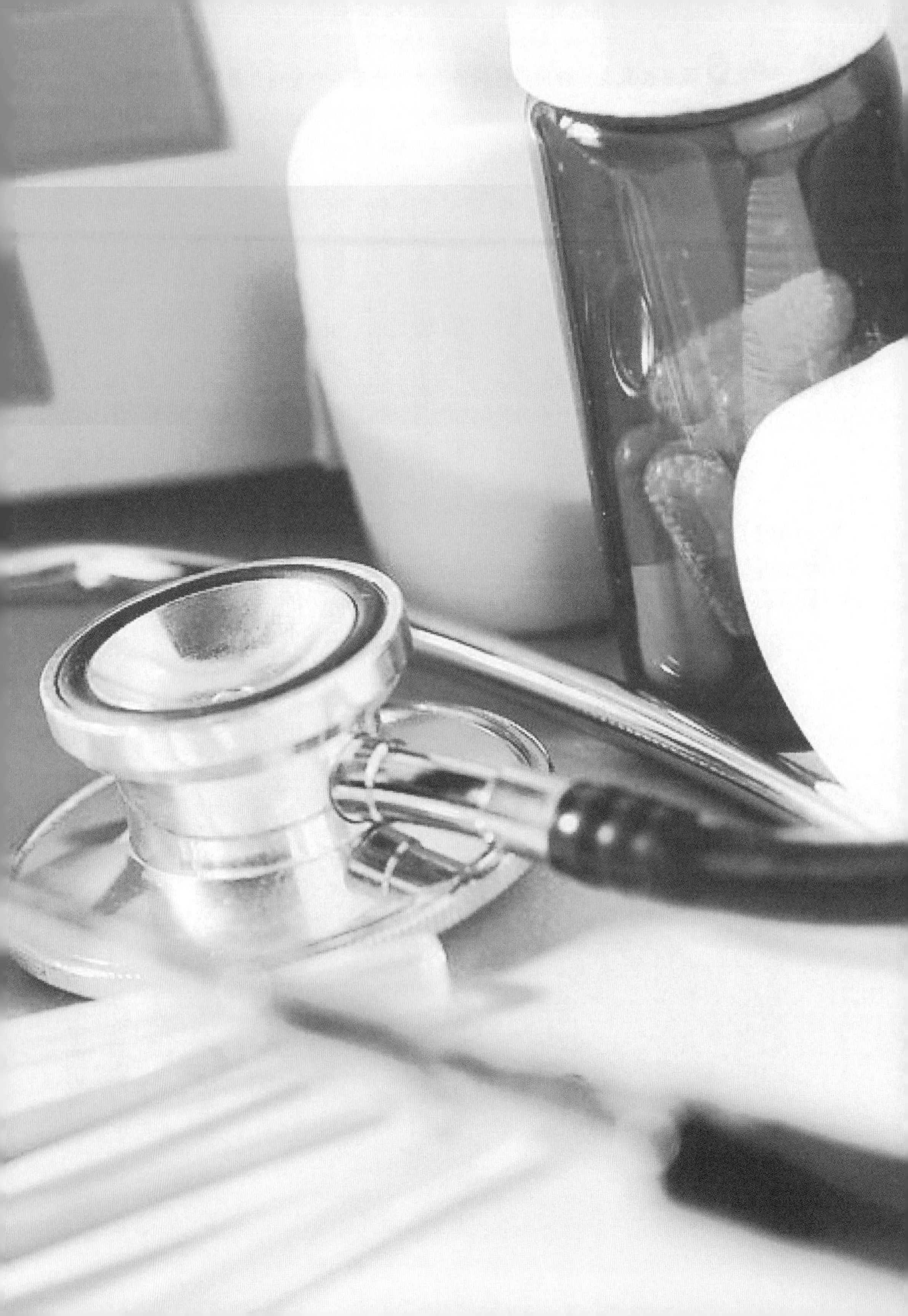

Chapter 7

胃十二指腸潰瘍多數都已經「自癒」了

在人類還沒有發明纖維胃鏡之前，對於「胃潰瘍」（包括十二指腸球部潰瘍）來說，覺得是很可怕的毛病，因為一旦得了潰瘍病，會隨時發生「穿孔、出血、梗阻、癌變」等可怕的以及會死人的結局。這樣的觀念長期在人們的頭腦裡紮根著、持續著。

上世紀六十年代纖維胃鏡的問世，使得醫生能夠便捷地觀察到人的食管、胃、十二指腸等部位，猶如茫茫黑夜點燃了一盞明燈，打開了人類認識胃腸疾病奧秘的大門。胃鏡檢查時人們可直接看到食管、胃、十二指腸黏膜，可觀察到表淺的病變如胃黏膜表淺潰瘍、萎縮、糜爛、血管病變以及膽汁反流等。很快，相關的重大發現相繼問世（有的還獲得了諾貝爾獎）。在這期間，對於潰瘍病的認識也隨之有了新的發現，主要一點是胃鏡觀察時常常發現胃黏膜上見到一些「瘢痕」，詢問病人以前有過什麼胃病，而往往病人自己不知道或沒感覺。進一步觀察發現，這些瘢痕是潰瘍癒合後留下的「痕跡」。幾十年過去了，大量的胃鏡結果可以明確地告訴人

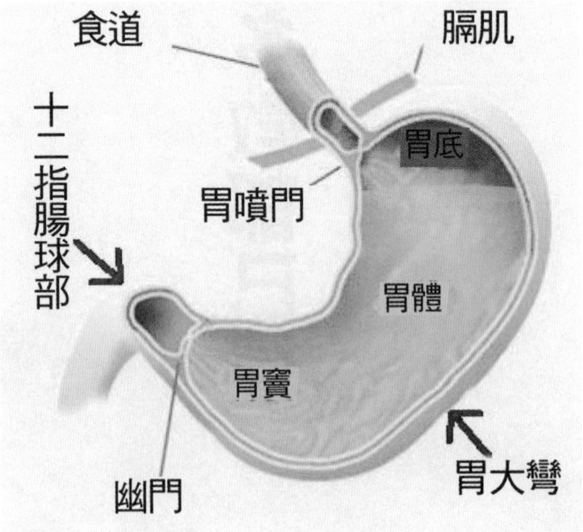

胃與十二指腸球部相連。

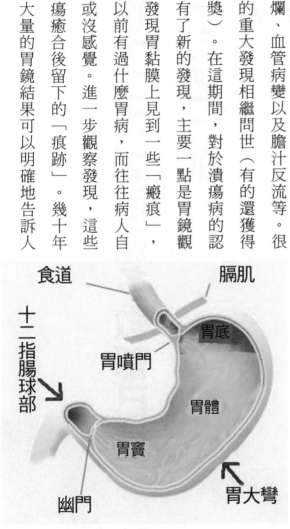

們：胃十二指腸潰瘍多數是不經過治療身體自己就可以「自癒」的。

具中的道理應該是這樣的：人的消化管從口腔開始到肛門結束大約長10米（公尺）左右，它是一條連續的有彈性的管道，胃是這條管道上最膨大的一段。上端與食管連接部叫賁門，下端與小腸連接部叫幽門。

胃主要有貯存和消化食物兩方面的功能。在現實生活中有的人很能吃（量大），而有的人不能吃，通常人們會認為這是胃大胃小的差異，並且大多數人認為胃是可以撐大的，也就是說經常吃過量的東西就可以使胃的容積變得更大。這種說法是不對的。一般的，我們的胃是有一定的容積的，一般是1000～2000毫升。當然存在人與人之間的差異，但胃是不會越撐越大的，它肯定是一邊吃一邊往下面的幽門排放進入十二指腸。

胃相當於一個大的攪拌器，食物進來以後它位置在變化，肌肉在收縮，從上往下蠕動，這樣的食物在裡面前後上下左右充分地攪拌，把食物磨碎，並且攪拌消化液以利於食物的吸收。

食物進入胃後通常5分鐘開始透過幽門向小腸流動。正常人飯後2～3小時胃內的食物就全部排空進入了小腸，然後，胃空閒休息著等待下一次的進食。由此可見，一日三餐只是人們的習慣而已，只要你自己願意，一日一餐或一日10餐都是可以的，只要胃能夠舒服即可。同理，如果餐後胃半小時就排空了或五小時還不排空，表示動力過強或過弱，都是不正常的。

胃在休息時裡面不是空的，而是保持約為50毫升量的胃液，純淨的胃液是一種無色酸性液體，酸鹼度為0.9～1.5。正常成人每天分泌的胃液量約為1500～2500毫升。保持胃液的量和酸鹼度對於進入胃內食物的殺菌和消化是必備的條件。胃液多了少了或酸度高了低了都是會出毛病的。比如，過酸了就會「燒心」，酸度不夠了食物就不好消化，停留在胃裡而「胃脹」。胃液正常時只能往小腸流，如果倒過來向食管返流，就會「燒」壞賁門和下端的食管，這時就叫做「胃食管反流病（gastro esophageal reflux disease，GERD）」。

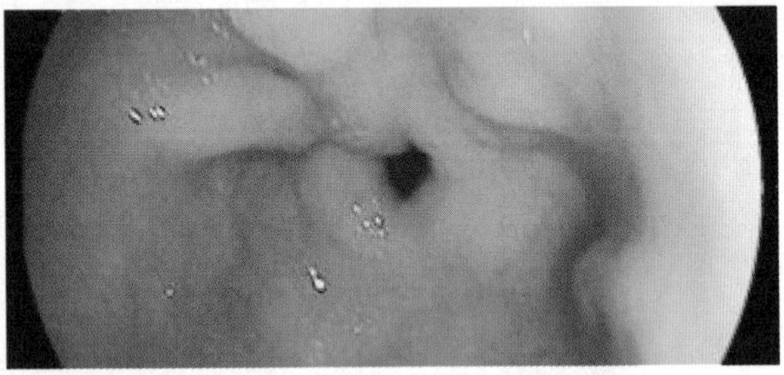

胃鏡看到的幽門，過了幽門就進入十二指腸球部了。

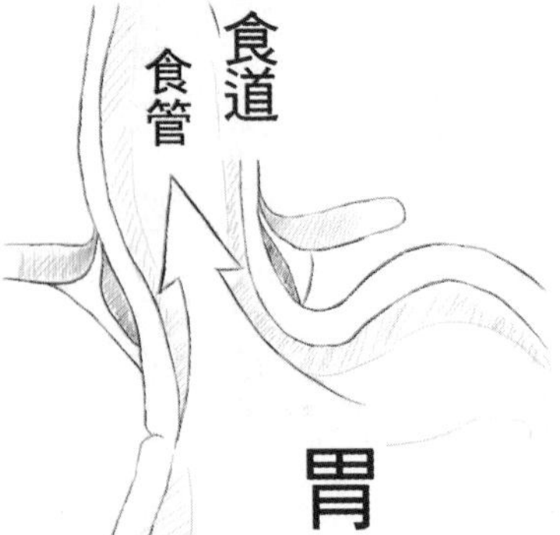

胃食管反流病（gastro esophageal reflux disease，GERD）

胃裡面的食物透過幽門到小腸裡去，小腸裡是鹼性的。如果幽門口關不緊，小腸裡鹼性液體倒流到胃裡來，對胃造成損傷，就叫返流性胃炎。

胃從最裡面把它分四層，最裡面一層叫黏膜層，接著是黏膜肌層、黏膜下層、肌層、漿膜層。

胃液是由黏膜層的腺體細胞分泌的，胃液裡主要成分是胃蛋白酶、鹽酸。通常情況下胃裡面出毛病都是在黏膜層的細胞上出毛病，而黏膜下面的肌層和外面的漿膜是很少出毛病的。

我們的胃每天都在工作，算一下，一個人每天消耗的食物和水大概有2公斤，如果按75年計算，就是75x365=27375天，2x27375=54750公斤，大約55噸食物。就那不到一釐米（公分；cm）厚的「皮口袋」的胃，要完成55噸食物的消化！所以，中老年後胃出現一些毛病是不足為奇的。其中，最多見的叫「慢性胃炎」。約50％的成年人都有慢性胃炎。不過，從胃的細胞來看，在正常情況下，胃上皮細胞每10天左右全部更

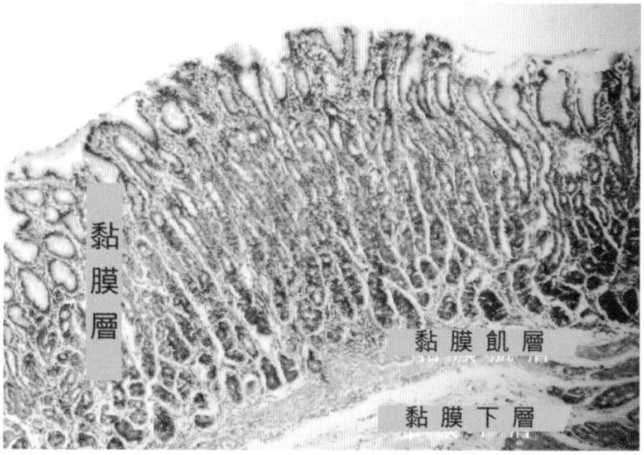

胃黏膜的表面細胞7～10天更新一次。

新一次，這種正常的細胞更新，維持了胃的屏障的特殊保護作用，才使胃壁免受有害物質的損傷。

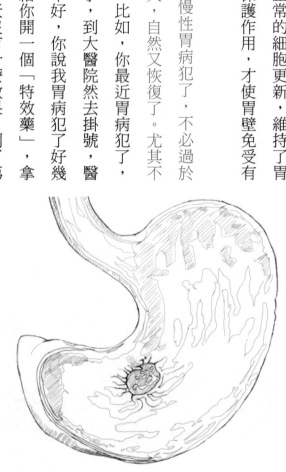

所以，即使慢性胃病犯了，不必過於擔心，過十來天，自然又恢復了。尤其不必吃一堆藥物。比如，你最近胃病犯了，不舒服好幾天了，到大醫院然去掛號，醫師就問你怎麼不好，你說我胃病犯了好幾天了，醫生就給你開一個「特效藥」，拿了藥回去吃了一天沒有什麼效果，到了第二天覺得不錯了，有一點好轉了，到了第三天果然好了。你自然會認為醫師果然是專家，這個藥果然是好藥。實際上，醫生早就知道你胃病已經犯了幾天了，再過幾天胃細胞自己該修復好了，就是不吃藥它一樣會好。

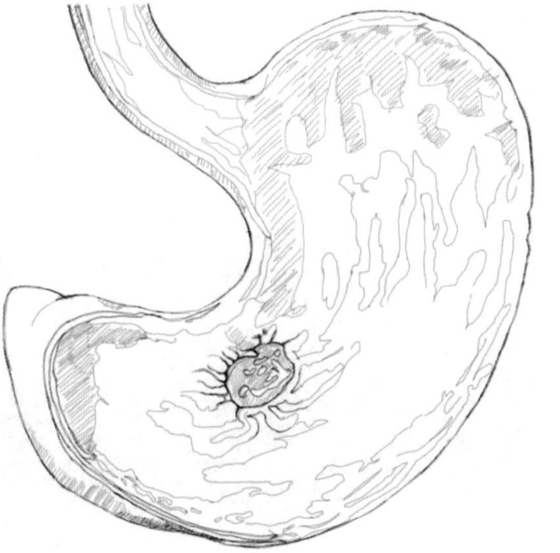
胃黏膜出現一個凹陷的潰瘍。

胃潰瘍，顧名思義就是從胃裡面看見了一個「坑」。我們應該見過口腔潰瘍吧？那是口腔中的某一個部位出現了一個小凹陷，這就叫潰瘍。早在一百多年前醫學就認為無酸無潰瘍，說胃酸高了就容易得潰瘍，因為胃酸能把胃黏膜燒壞。但這個結論在20年前被兩個澳大利亞的醫生給推翻了，他們發現了引起潰瘍的細菌——幽門螺桿菌（Hp），這個菌在胃裡面感染就會導致胃的細胞壞死，然後就會爛一個窟窿就叫胃潰瘍。目前由於人們的工作生活壓力都比較大，比較緊張，所以得胃潰瘍的人有很多。

潰瘍病不可怕也不要擔心，在正常情況下，胃上皮細胞每10天左右全部更新一次，只要造成潰瘍的原因（Hp感染、壓力大、過渡勞累、飲食不規律、食物不衛生等）消除了，死掉的細胞就被清理了，新的細胞通常7～10天就能修復破口，潰瘍便自行癒合。如果你越擔心它越不快好，安心休息才能讓潰瘍可以自己癒合的。

正常情況下，胃黏膜具有很強大的保護作用，它不僅能防止胃液中的胃酸和胃蛋白酶的強烈消化作用，還能抵禦各種食物的磨擦、損傷及刺激，從而保護黏膜的完整性。

因此，保護我們的胃黏膜是一生中絕不可忽視的大事。

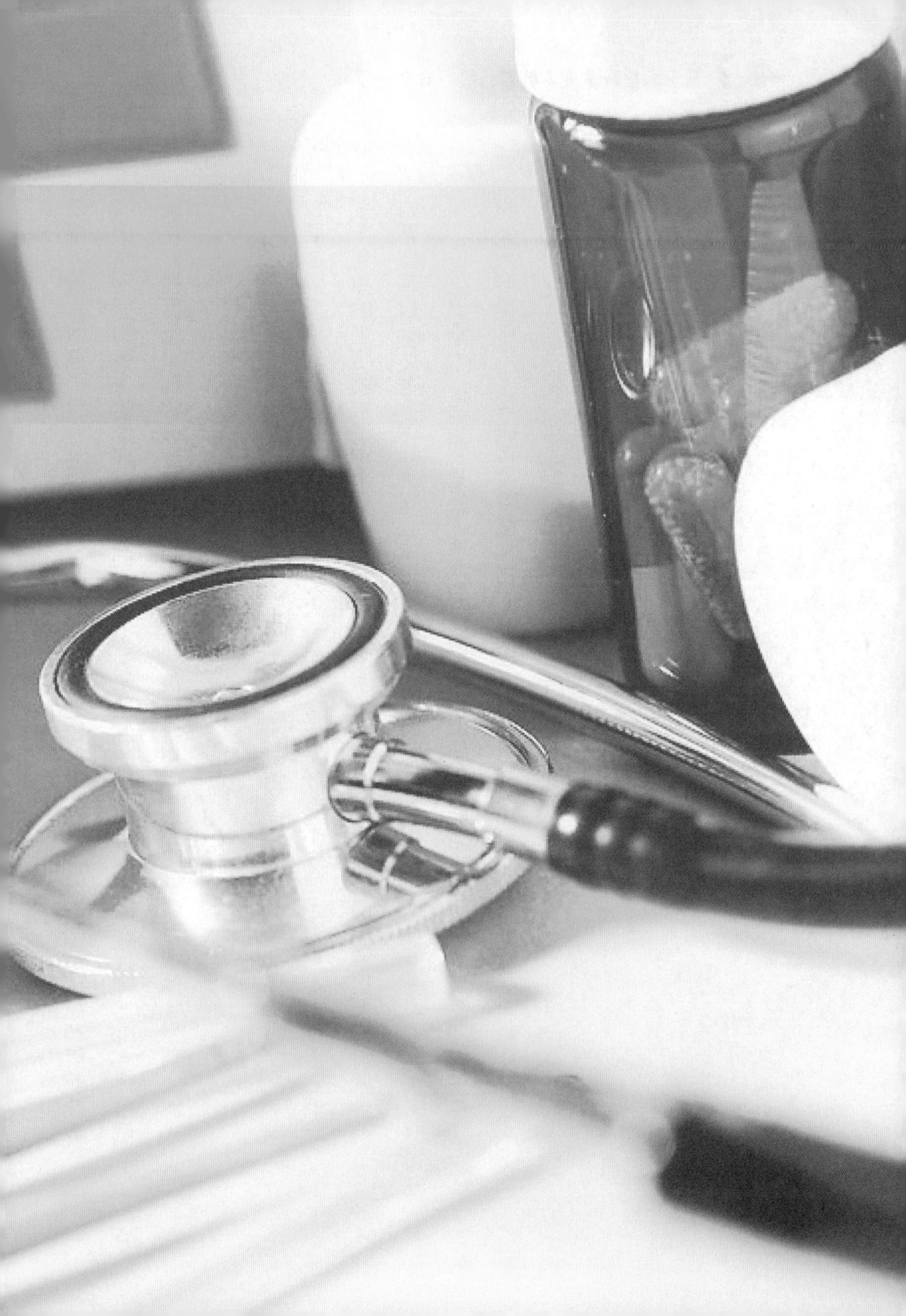

Chapter 8

大大的腸子你可知，息肉摘除就沒有癌

大腸（largeintestine）是人體消化管的最下段，全長約1.5m，分盲腸、闌尾、結腸、直腸和肛管。結腸又分為升結腸、橫結腸、降結腸等部位。

如果計算一下，一個人每天消耗的食物和水大概有2公斤，如果按75年計算，就是75x365=27375天，2x27375=54750公斤，大約55噸食物。這樣數量的一座小山，最後的殘渣廢物都要從大腸排泄出體外，而且，這些廢料對於植物來說都是上等的肥料，但對於腸子來說，都是有害的毒素，每天24小時都在大腸裡構成對腸壁細胞的毒害。因此，對於年輕人來說，毒害的時間不算長，一般還不致於發生大問題，而對於50歲以上的人來說，起碼要做個腸鏡檢查，看看50年的毒害下來，自己的腸子發生什麼變化了沒有。一旦有問題，即時解決，就大大減少了大腸癌的危害。

正常成年人每日從小腸排入大腸的稀糊狀消化吸收後的食物殘渣有幾千毫升。這些都是營養物質被吸收後廢料，進入大腸後主要把其中的水分吸收，再經細菌分解發酵和腐敗作用最後變成糞便，糞便中含有大量的細菌，達到全部糞便重量的1／3。食物從胃到大腸的時間與每個人的飲食習慣不同而有所不同，以含纖維素為主食物的平均15小時左右，以肉食為主者平均為28小時左右。因此，正常人排便次數與飲食習慣有關，但多數人每天會排便一次。

大腸的毛病最好的檢查方法就是做個大腸鏡，將一根細細的軟管子從肛門插入大腸內，全長1.5米（公尺）都能直接看到，因此，是可靠而有效的檢查大腸的方法。許多人害怕「疼痛」，其實，疼痛是可以忍受的，或者也可以採用「無痛」腸鏡檢查，這樣，也就不感到疼痛了。

如果發現腸腔內有什麼凸起來的部分，小的就直接用腸鏡拽出來了，大的則需要手術切除之。

大腸息肉是所有向腸腔突出而鼓起來的贅生物總稱，可以是發炎引起，也可以是真正的腫瘤。大腸癌基本上都是先有一個良性的腫瘤性息肉，從幾毫米（公釐；mm）慢慢長成幾釐米（公分；cm），從原來的良性腺瘤發展成惡性的癌。由此可見，在40～50歲時做一次腸鏡檢查是多麼的重要，因為從一個幾毫米（公釐；mm）的良性發展成幾釐米（公分；cm）的惡性常常需要5～10年的時間，在還沒有發展成癌之前就做了腸鏡檢查，即時將幾毫米（公釐；mm）的息肉拽掉，就不會出現大腸癌了。

與大腸息肉有關的常見原因是慢性腹瀉和便秘導

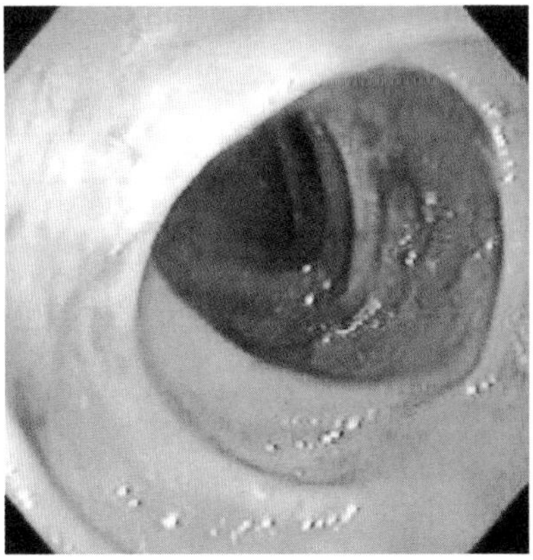

腸鏡看到的正常的大腸腔內，如同地道一般。

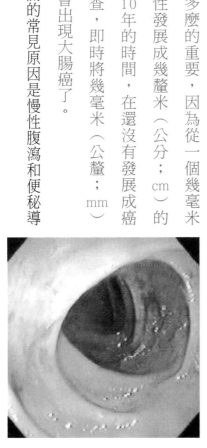

致的腸黏膜被「刺激」。

正常成年人每天排便一次，成形、色呈褐黃、外附少量黏液。也有些正常人每日排便2～3次，只要無膿血，仍屬正常生理範圍。腹瀉一是指排便次數明顯增加（每天3次以上）；二是指糞便不能成為固體的形狀，出現稀，形、色、氣味等異常改變，還可以含膿血、黏液、消化殘渣、脂肪或黃色稀水、綠色稀糊、氣味酸臭等；三是指排便時有腹痛、下墜、裡急後重（排不淨的感覺）、肛門灼痛等症狀。具有以上三方面表現可叫做「腹瀉」。出現這些情況應該到醫院檢查，找出原因，才能有效治療。

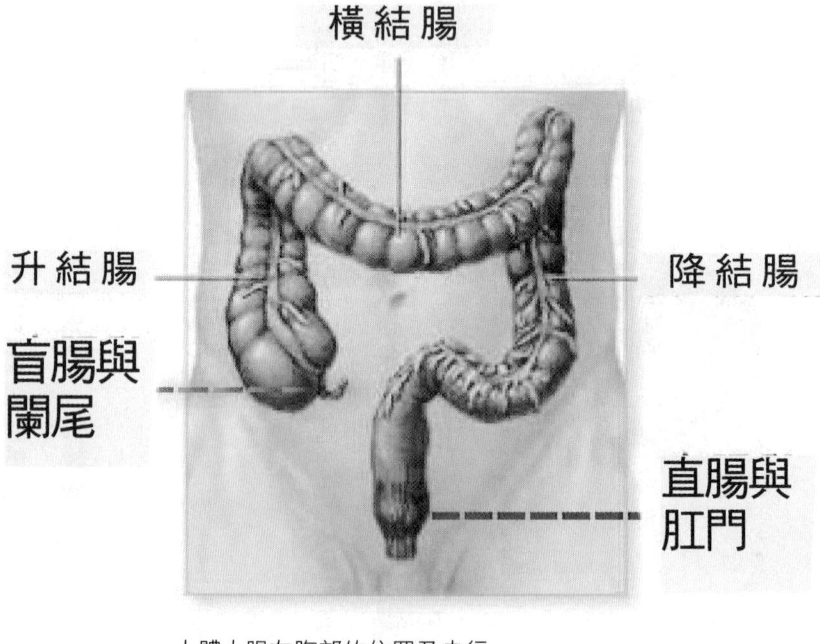

人體大腸在腹部的位置及走行。

由於排便習慣因人而異，所以，「便秘」的定義比較難以確定了。目前綜合起來可概括為：「在正常飲食情況下，大便太少、太硬、太難以排出，症狀持續一段時間，令患者感覺不適。」可見，對於便秘的判斷不是簡單一句話就明確的。那麼，到底如何界定呢？「大便太少」是指排便頻率減少，一般認為少於每週2～3次為異常；「太硬」是指糞便硬度增加以致透過肛門時會「扎痛」皮肉；「太難排出」是指用力後仍無濟於事、排便不完全及排便時間過長等。這樣看來，「太少、太硬、太難排出」是便秘的三個主要症狀。病史超過兩年叫做慢性便秘。不過，診斷便秘還須考慮人們的主觀感受，如果雖然有上述表現，但症狀較輕微，自覺可以承受，習已為常，不影響日常生活，即使七天大便一次，只要排便暢通，就不應該列入便秘大軍中了。不過，由於糞便中含有大量的有毒物質，因此，從保

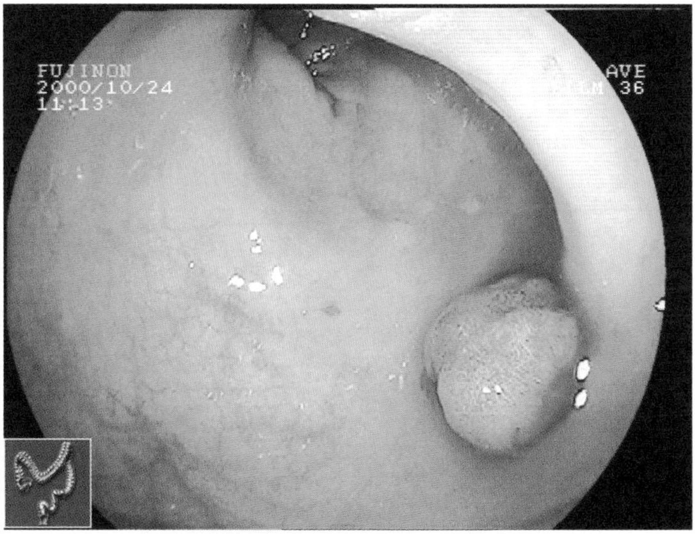

腸鏡看到腸壁上凸起一個息肉樣的小包塊。

護大腸和減少身體危害的角度，還是以一天排泄一次，即時清理大腸裡的廢料，還給大腸和身體一個清潔無害的內環境，豈不是人們都願意的事嗎？

由此可見，慢性腹瀉與便秘是大腸息肉的基礎，而大腸息肉是大腸癌的前提，在還沒有發展成癌之前就做了腸鏡檢查，即時將幾毫米（公釐；mm）的息肉切除，防患於未然，可取得事半功倍的效果！

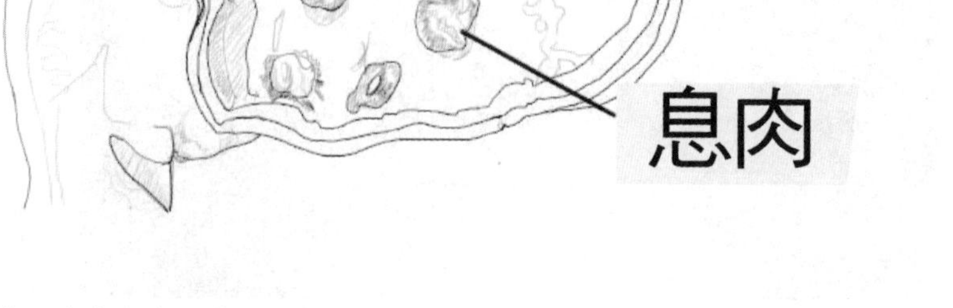

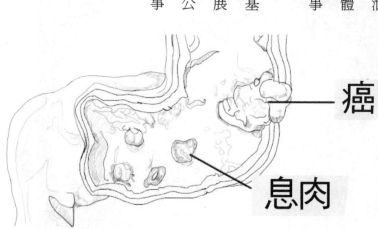

大腸息肉與大腸癌示意圖。

Chapter 9

脂肪肝不是病，只要控制好體重

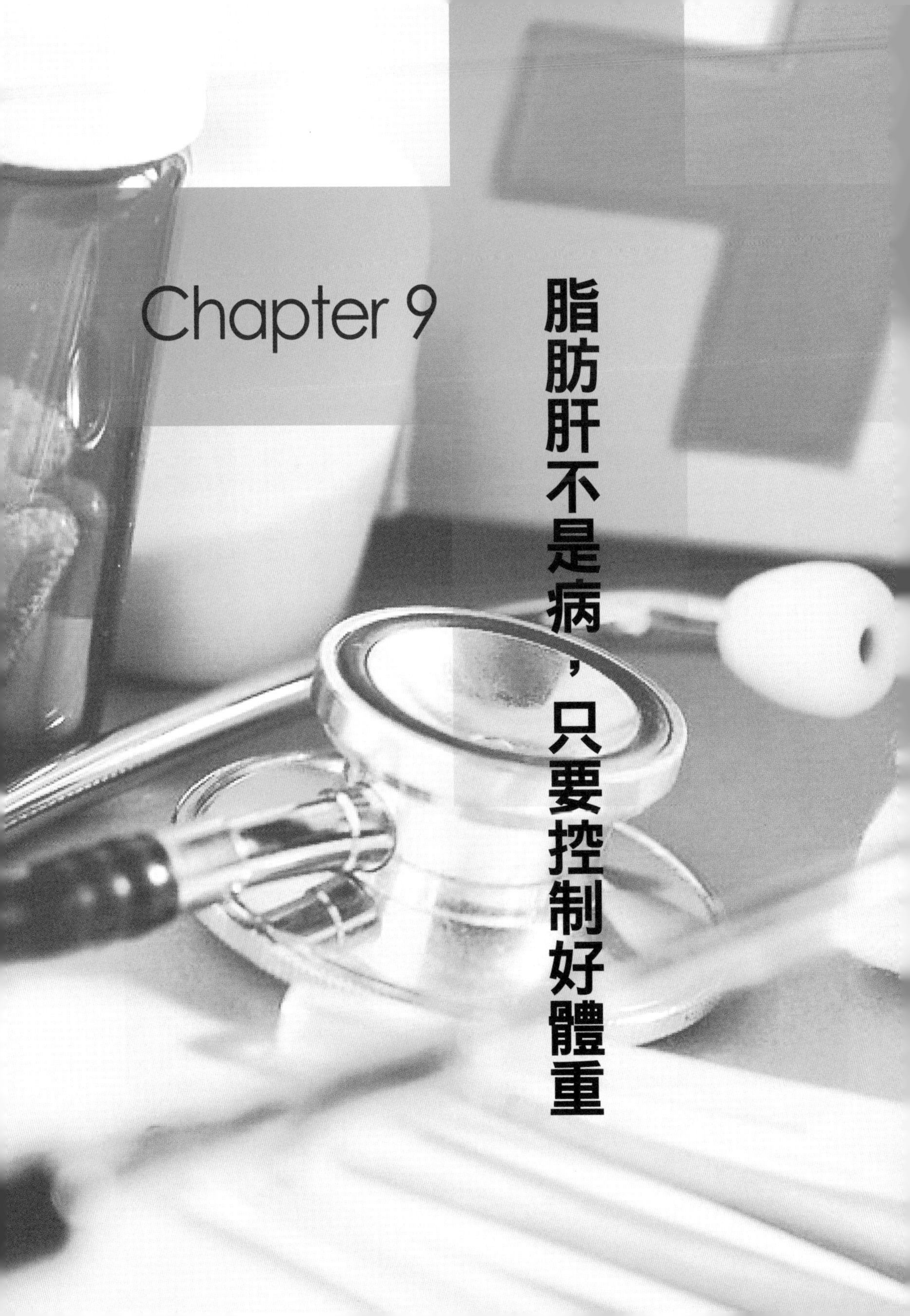

人群中對脂肪肝的誤解很深，也很普遍。有必要把這個問題稍微詳細的介紹一下。

我先給大家說一個我身邊的例子。三十多年前，我還是一個年輕的醫生時，我們醫院一個外科醫生，他的肝臟查出來有點問題，就做了一個穿刺，用針穿到肝臟裡，帶出來一點肝臟組織。我一看他的肝臟組織切片，大事不好，他的肝細胞有80%到90%全部是脂肪細胞了！這叫什麼？叫重度脂肪肝，或者叫脂肪變性。當時我心情還挺沉重，惋惜這麼一個好醫生，恐怕是凶多吉少，此生休矣。可是五年過去了，十年過去了，從一九七八年到現在，三十多年過去了，他還好好的，一直在正常工作，給病人開刀做手術，自己覺得什麼毛病也沒有。雖然肝臟檢查還是有脂肪，但是肝功能是好的，並沒有變成肝硬化，更沒有變成肝癌了。這件事給了我很深的印象。

可是，近年來，在媒體宣傳和人們的談論話題中，脂肪肝出現的頻率越來越高，大有「得了脂肪肝，生命就會結束」之

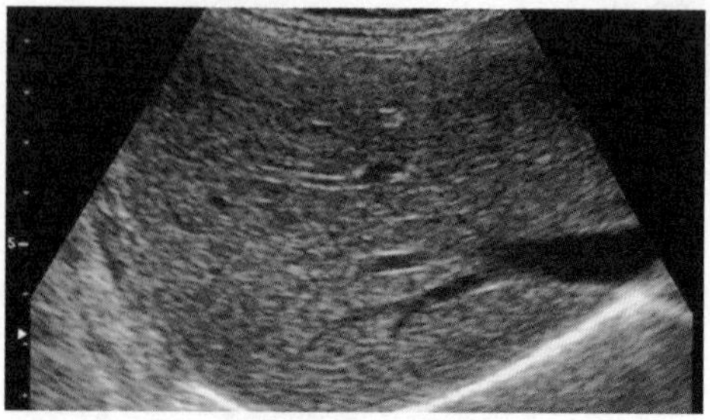

正常肝臟的超聲（超音波）圖像。

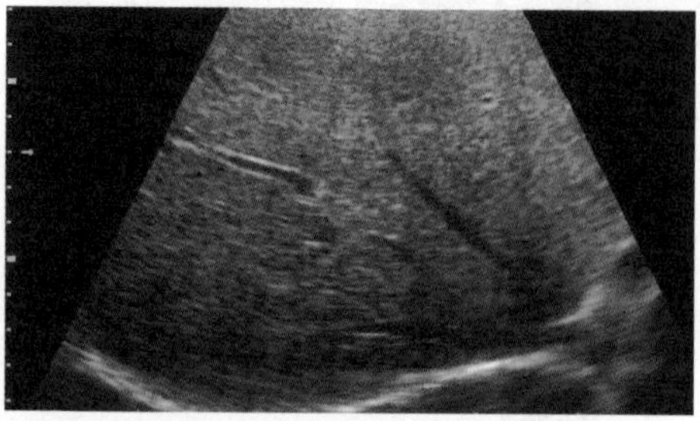

脂肪肝的超聲（超音波）圖像。

勢，以致我不得不深入瞭解一下，人們到底怎麼啦？我們的肝臟怎麼啦？脂肪肝怎麼啦？這已經成了一個迫切需要回答的問題。

大約從二十年前開始，人群中患脂肪肝的人開始多起來了。我當時就想，這些是脂肪肝嗎？用什麼方法證明它呢？我和我們醫院超聲（超音波）科主任訂了一個科學研究的課題，每當我給一個病逝的病人做解剖前，我就給他打電話，讓他找一個學生把超聲波（超音波）儀器推到解剖室，用探頭測測死者的肝臟，看看是不是脂肪肝。然後我們再解剖，親眼驗證一下超聲（超音波）影像的準確度。做了十幾例以後，得出的結論是超聲（超音波）影像和我們做的病理結果是不對稱、不吻合的。

那麼，脂肪肝這個名稱為什麼流傳越來越廣呢？事實是在沒有超聲（超音波）檢查之前，在五十年前的醫學史上，你去書上查，內科也好，營養科也好，病理學也好，沒有脂

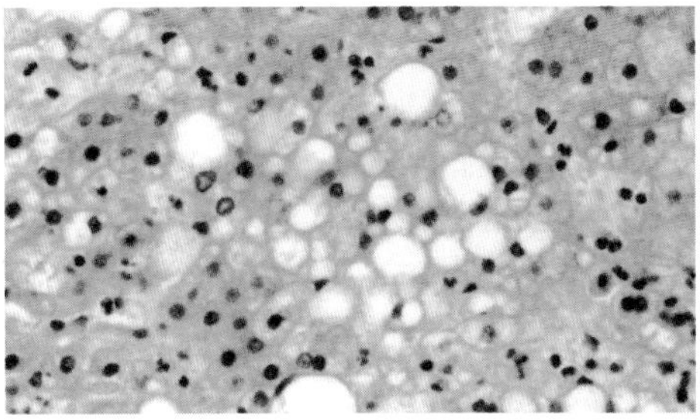

脂肪肝的細胞圖像，肝細胞裡出現大大小小的脂肪空泡。

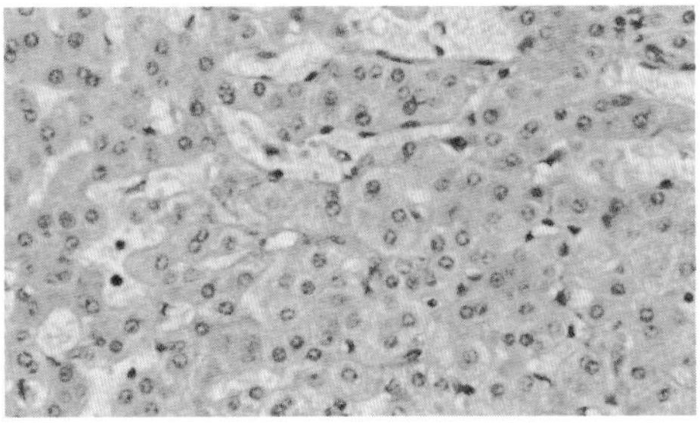

正常肝的細胞圖像，肝細胞裡無脂肪堆積。

肪肝這個詞。肝臟的脂肪變性是有的，但是沒有人把它當成一種疾病去討論和研究。

這樣一來就會發現，20世紀八十年代以後，一種新型人體檢查設備——B型超聲儀（超音波儀器）的出現了。在醫院裡，超聲（超音波）檢查廣泛應用，使得脂肪肝這個詞頻繁出現了。人們對脂肪肝的關注開始了，可是，在關注過程中忽略了一些以前存在的基本問題，對脂肪肝予以誇大宣傳，予以不適當的描述，逐漸引起了人們不必要的恐慌。這是問題的所在。可以說，這都是B超（超音波）惹的禍！超聲儀（超音波儀器）有了以後，很多人被診斷為脂肪肝，還被醫生警告會發展成肝硬化，更甚者變成肝癌。

因此我要提醒大家一個事實，如果你翻開80年代以前的醫學書籍，不管是內科學、傳染病學、肝臟病學等學科的書籍，會發現一個現象：在這些眾多的專業書籍列出的肝臟幾百種疾病中，沒有「脂肪肝」這樣一個病名，也就是說脂肪肝不是人

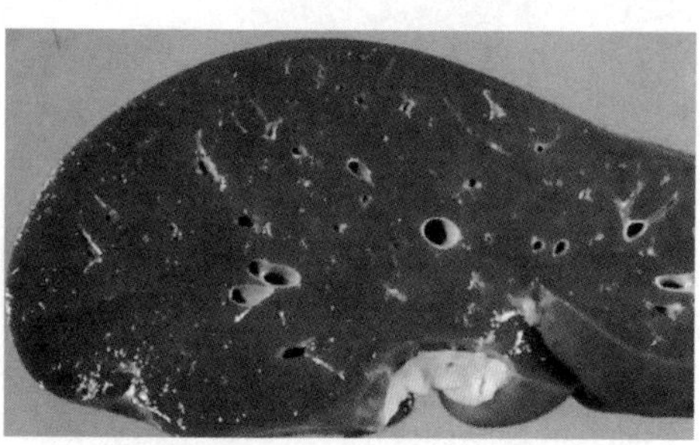

正常肝呈深紅色，柔軟。

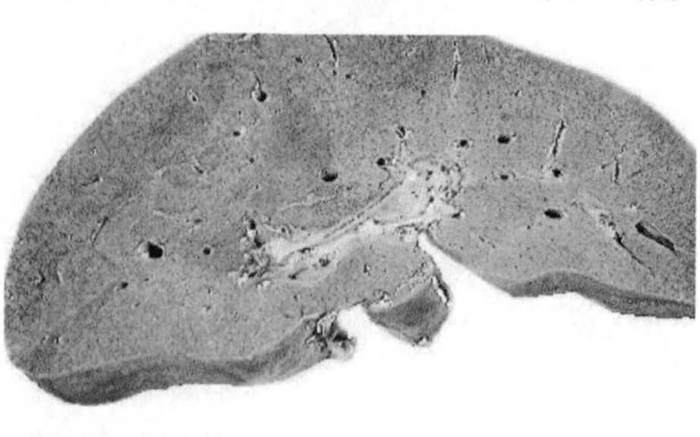

脂肪肝呈紅黃色，有油膩感。

體的一個疾病，而八十年代以後的醫學書籍中，脂肪肝這個名稱大量出現。這迫使我們不得不思考：難道人類在二十多年前沒有脂肪肝嗎？如果有脂肪肝，它們都發生了什麼樣的變化？為什麼二十多年前的書上沒有這個名詞呢？而現在有這麼多人談論脂肪肝的這種危害、那種危害，談「脂」色變？難道這二十多年來肝臟發生了什麼特別大的變化嗎？事實證明：沒有。

這是為什麼？

人類歷史上有醫學記載以來，只要有人類、有人體，不管在不同的地域、不同的民族，肝臟裡面含有脂肪這個事實是一直存在的，不會是最近二十多年來肝臟才有脂肪，二十多年前肝臟沒有脂肪。同樣你可以想到：既然有人有肝臟就有脂肪肝，那為什麼長期以來醫學對這個問題沒有關注呢？難道是醫學不發達嗎？難道是醫生們都熟視無睹嗎？不是！如果真是一個疾病導致了人體的異常，損

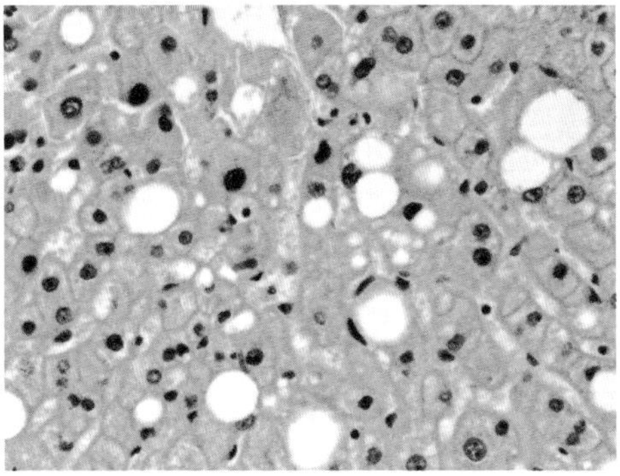

肝細胞裡脂肪空泡增多。

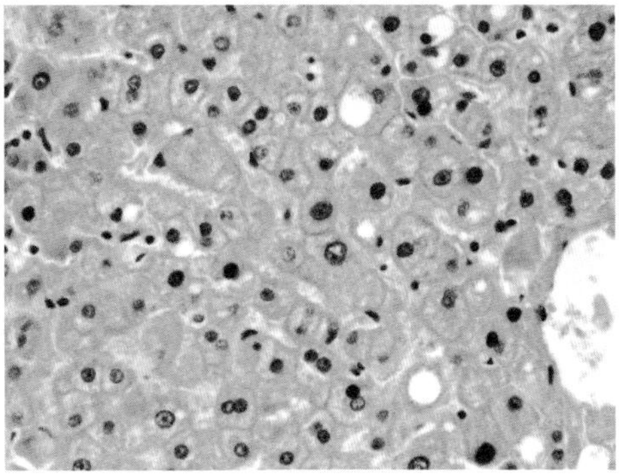

個別肝細胞裡脂肪空泡。

害了身體的健康，出現病態，醫學不可能不在漫長的歷史長河中，不去發現它、重視它。最後只有一個解釋：脂肪肝不能稱為一個疾病，不是人體肝臟的一個病變。脂肪肝是最近二十多年來把一個原本不該那麼「嚴重」的問題人為地給予了過多的「關注」，並給予了過多的「討論」。

我可以明確地告訴大家，到目前為止，脂肪肝能不能引起肝硬化，還要打個問號。起碼我這幾十年經手的肝臟病人的例子，不管是死的也好，活的也好，沒有一個是因為脂肪肝引起的肝硬化。中國人肝硬化很多見，是什麼原因呢？是乙肝，丙肝，也就是病毒性肝炎發展下去，引起的肝硬化。沒有脂肪肝引起的，更不用說引起肝癌了。那麼多媒體上報導說脂肪肝引起肝硬化，它的證據在哪呢？是憑空想像的，還是無中生有的呢？都弄不明白。

我們現在進一步把肝臟的問題說清楚：正常人的肝臟，像人全身其他的組織器官一樣，主要構成的營養物質是糖（既碳水化合物），蛋白質和脂肪，還有一些維生素，礦物質和微量元素，這些都是人所必需的。人身上的肉有瘦肉，有肥肉，那不過是脂肪的多少有不同；人的大腦像豆腐腦，裡面也有脂肪。如果你的體重增加，變得肥胖了，你身上的脂肪多了，它要找地方待著。一個是待在皮下，一個是待在肚子裡，都是脂肪待的很舒服的空間。像我剛才說的那個外科大夫，他的肝臟裡百分之八九十都被脂肪佔住了。就像一間屋子，放的東西不同而已。但是我們的肝臟只要有三分之一的肝細胞就夠我們正常生活了，用不著那麼多的細胞都為我們工作。所以，肝臟裡的脂肪增加，對身體是沒有損害的，是無關緊要的，你不用去擔心它。

人體都是由細胞組成的，肝臟也是由一個一個肝細胞構建起來的，在每一個細胞裡，都含有構成細胞必不可少的基本成分或者是物質、材料，那就是蛋白質、脂肪、糖。所以，每個肝細胞都會有脂肪存在，只是因人而異，脂肪在肝細胞裡的含量多少不同而已。

脂肪肝（fatty liver）是指各種原因引起的肝細胞內脂肪堆積而言。正常人每100克肝臟濕重約含4～5克脂質。目前醫學上確定的標準是：肝細胞裡含有的脂肪在5％以下，被列為正常；如果含量在30％以上，可以稱為肝的脂肪變性，或者是

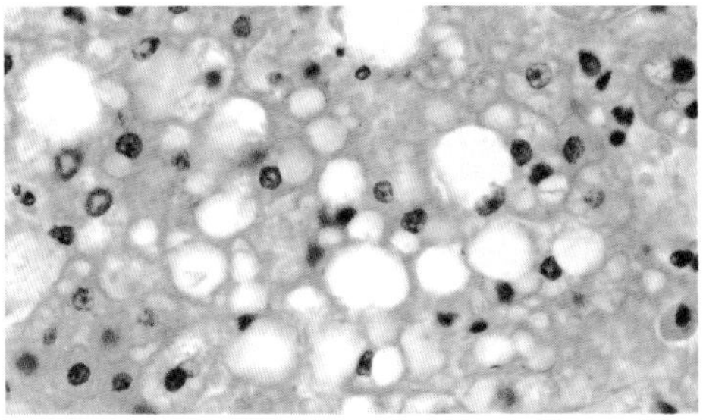

多數肝細胞裡出現脂肪空泡。

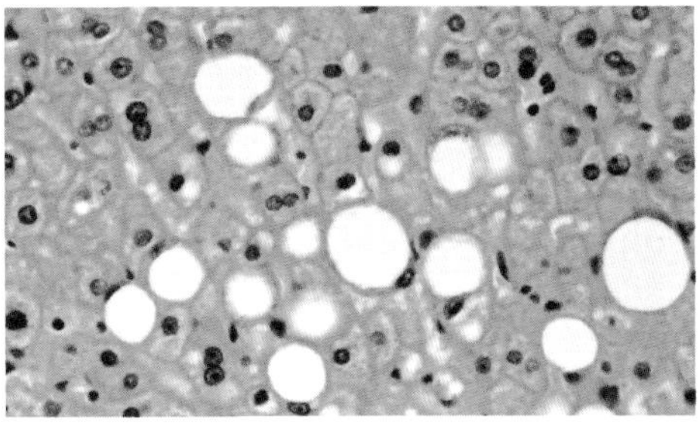

肝細胞裡脂肪空泡越來越多。

脂肪堆積，才稱為脂肪肝。那麼脂肪肝的證實、明確，不是靠超聲（超音波）、CT、核磁，不是靠這些影像學的方法來判斷肝細胞裡有多少脂肪，僅靠影像學的所見診斷脂肪肝是不準確的。就拿超聲（超音波）檢查來說，正常肝與脂肪肝的區別不是那麼可靠的。只有獲得了肝細胞，用針穿一塊、吸一塊，把細胞取到後，在顯微鏡下真正的看到細胞裡有多少脂肪，有多少個細胞有脂肪，才能做出脂肪肝的判斷。

病理學上脂肪肝的表現為：大體看上去，脂肪肝的肝臟外觀呈瀰漫性腫大，邊緣鈍而厚，質如麵團，壓迫時可出現凹陷，表面色澤蒼白或帶灰黃色，切面呈黃紅或淡黃色，有油膩感。

肝組織切片顯示肝細胞腫大，胞質內含有數量不等及大小不一的脂滴或脂肪空泡。起初肝細胞內蓄積的脂質呈多個無膜包繞的微球狀，直徑小至1～3μm，位於肝細胞漿無結構區域，胞核居中。當脂滴數量變多、直徑增大至5μm時，顯微鏡下可見脂滴呈串珠狀聚集在肝細胞竇面，進而細胞質內充滿這些微小脂滴，此即小泡性脂肪變（microsteatosis）。隨著肝內脂肪含量增加，微小脂滴大小可保持不變或迅速融合成單個或多個直徑大於25μm的大脂滴，將細胞核和細胞器擠壓至細胞邊緣，此即大泡性脂肪變（macrosteatosis）。大泡性脂肪變在吸收消散時往往先變成多個小的脂滴。這些變化可以逐漸加重，也可以逐漸消退，主要取決於血脂含量的多少。

這樣一來，事實是：與生俱來的人類肝臟細胞裡面有脂肪，不是近20年才有的。只是由於B超（超音波）的出現及大量B超（超音波）檢查，因而過多地使用了脂肪肝的名稱。僅靠B超（超音波）診斷脂肪肝是不準確的。

那麼，為什麼說肝臟裡脂肪的存在也不會導致肝硬化呢？我們看肝臟組織是由一個個肝細胞組成的，血液從一串串肝細胞中間的縫隙中流過，毒素被肝細胞分解。肝細胞裡儲存的脂肪是可進可出的，如果身體裡需要脂肪了，就會動員細胞把裡面的脂肪釋放出來。這樣肝臟的脂肪就保持著一個動態的平衡。細胞裡脂肪的多或少是不會導致肝硬化的。什麼情況下才會肝硬化呢？只有肝細胞破掉了，由纖維來代替了死去的肝細胞，這時候才叫肝硬化。而肝細胞破掉可不光是脂肪的問題，而是還有別的因素了。

同樣的道理，在西方社會，營養過剩、肥胖早已很普遍，肝臟裡脂肪增多的現象普遍存在，可是幾十年、上百年了，沒有得到肝臟脂肪增多導致人體肝臟損害充分的證據。這樣一分析，我想人們應該清楚，脂肪肝並不可怕，並不要總在擔心你肝臟裡的脂肪在損害著你的肝臟。

另外，經過對脂肪肝病例的動態診斷發現，肝臟裡脂肪的多少是可以變化的，不是一成不變的，也就是說你身體裡的脂肪多了，肝臟裡的脂肪也就多；你身體裡的脂肪少了，肝臟裡的脂肪也會減少。肝臟是人體內脂質代謝最為活躍的器官，肝細胞在體內脂質的攝取、轉運、代謝及排泄中發揮著重要作用。所以出現脂肪肝後，並不是說它就不會逆轉，不會恢復，只要你減少了脂肪的攝取，血脂降低，那麼肝臟的脂肪也會減少，也會從含脂肪多的狀態恢復到含脂肪少的狀態。也就是說，即使出現了脂肪肝，也不必憂心重重，只要減少體內的脂肪，脂肪肝是可以從明顯到不明顯的。

解決脂肪肝唯一有效的辦法就是減肥，就是趕緊把你細胞中的脂肪消耗掉，而不用吃什麼藥。你的體重減少了，身體裡的脂肪含量減少了，肝細胞裡的脂肪也就降下來了，比如說從30％降低到10％，再降低到5％，就是正常了。

我想起媒體的一則報導，在中國武漢有個「暴走媽媽」，自己有很重的脂肪肝，為了給生病的兒子捐半個肝臟，每天「暴走」，最後肝臟裡的脂肪正常了，把一部分肝臟移植給了兒子。

在脂肪肝這個問題上，提醒大家一定不要人云亦云，而是要動腦子想清楚，它並不是病，而是由於體重增加，營養過剩，脂肪多得沒地方待了，就跑到肝細胞裡堆積起來。這時候最好的建議就是減肥。只要把多餘的脂肪消耗掉，脂肪肝的問題也就隨之消失了。

這就是做為一個普通人對脂肪肝應有的認識。

附錄：

2009年一則新聞傳遍大江南北：中國武漢55歲的陳玉蓉，患有重度脂肪肝，為了割肝救子，她從2月18日開始，風雨無阻，每天暴走10公里，7個月下來，她的體重由68公斤減至60公斤，脂肪肝消失。這就再次說明：脂肪肝不是病。

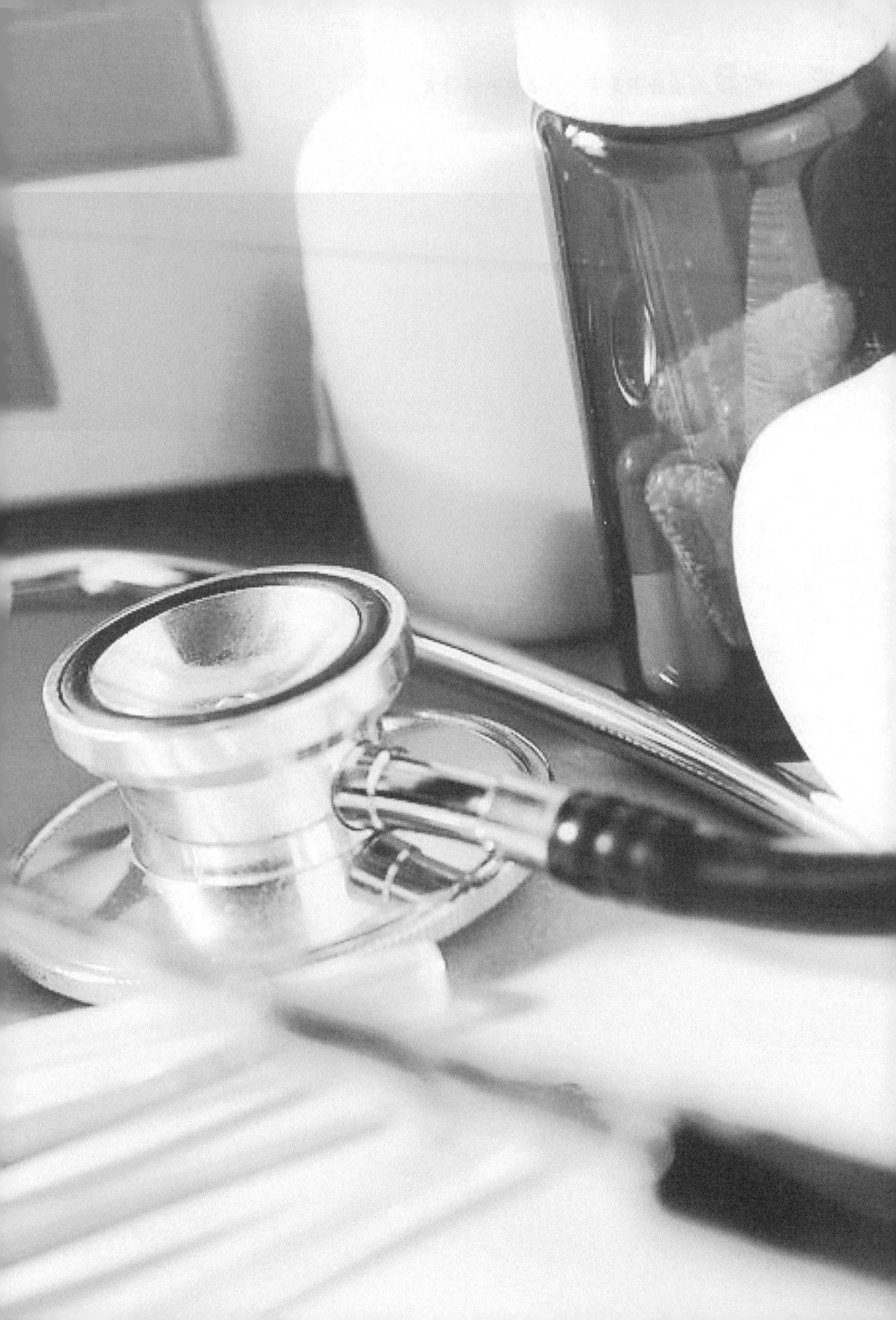

Chapter 10

肺結核多數不知不覺就「痊癒」了

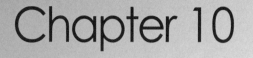

回顧人類歷史發展的真實歷程會發現一些有趣的現象，除了一些至關重要的戰爭、思想界激烈動盪變革、帝王人物在歷史中扮演重要角色等事件影響或推進了社會的發展外，還有一些微小而不為人知的因素同樣也頗具影響力，其中之一就是疾病。

人類面臨的細菌、病毒、寄生蟲等小小微生物，曾幾何時席捲城鎮，造成大規模死亡，擊垮偉大的領袖和思想家，並在此之後改變了政治、衛生和經濟狀況，影響了世界的變更。其中重要的一筆該點名到肺結核。

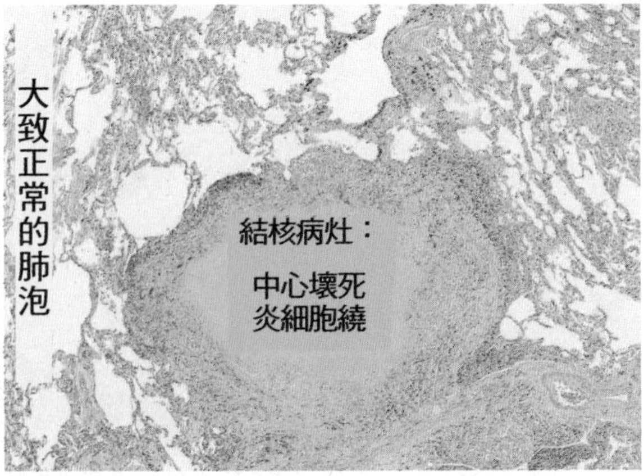

肺組織中的結核病灶

中國人熟知的《紅樓夢》裡林黛玉的病況：「面色蒼白、身體消瘦、一陣陣撕心裂肺的咳嗽……」在那個時代的小說和戲劇中，不乏這樣的描寫，而造成如此景況的，就是當時被稱為「白色瘟疫」的肺結核，也即「癆病」。

外國名人裡死於肺結核的見於記載的有蕭邦、契訶夫、席勒、梭羅、雪萊（他的名言「冬天來了，春天還會遠嗎」，自己卻未能看到人類戰勝肺結核的春天）。一九三六年魯迅病逝，死因也是肺結核。

一九四三鏈黴素問世，這是繼青黴素後第二個生產並用於臨床的抗生素。它的抗結核桿菌的特效作用，開創了結核病治療的新紀元。從此，結核桿菌肆虐人類生命千百年的歷史得以遏制。雖然結核病依然殘害著人體，但已經不是以前的狀況了。進一步的研究發現，人群中一半以上被結核菌感染過，X線（X光線）胸部檢查發現那麼多的肺部鈣化點，詢問病人幾乎都沒有任何感覺。這就是說，人體本身是可以抑制結核病的。

在健康體檢中，很多人會被查出肺部有鈣化點，所謂鈣化點，實際上是組織鈣化的表現。一般來說，肺部有鈣化點，大多數是以前感染過結核菌，痊癒後留下的疤痕。

正常肺組織由肺泡、淋巴微血管、細支氣管等組成，呈粉紅色。若有相當數量和毒力強的結核桿菌侵入肺組織並在裡面生長繁殖，產生代謝物，使肺組織受到破壞，就會出現像變質的乳酪一樣的物質，醫學上稱為「乾酪樣壞死」。壞死物偏酸性，不易液化、吸收，能長期存在。在身體抵抗力強的情況下，乳酪樣病灶中的結核桿菌曾被人體免疫系統殺死，病灶

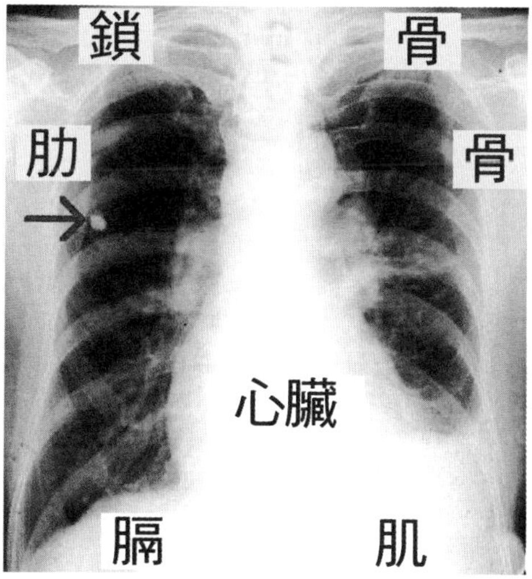

箭頭所指的白點就是鈣化點。

會失水而變得乾燥，肺部鈣離子就會沉積，形成鈣化點。

有人會說自己沒有患過結核病。那是因為這些人隱性感染了結核菌，沒有出現肺結核的症狀，但在肺部還是留下了感染造成炎症形成了的疤痕。這種疤痕是磷酸鈣或碳酸鈣沉積於壞死肺組織內，在x線（X光線）上的投影。

我們每天呼吸的空氣裡都可能含有結核桿菌，因此感染結核桿菌也是很常見的。近年來由於流動人口增多，全球肺結核病發病率回升，加之耐藥性結核菌的出現，使得結核病的治療常常收不到原本可以有的效果，少數病例還是會出現嚴重全身播撒甚至威脅生命，使結核病的預防再次引起重視。但應該清醒地認識到結核病多數是自己可以痊癒的，千萬不要被以前書本上描寫的「癆病」可怕景象所嚇倒，自我恐懼、悲觀、消極等，反而會使得原本沒有毛病的身體出現本不該出現的進展性的結核病。尤其是肺部有鈣化點，只代表曾經感染過炎症或結核，但是現在已經好了，鈣化點不是病，更無須治療。

Chapter 11 明明白白你的心

自古以來，「心主血脈」為世人共識。古人認為：心與脈密切相連，脈是血液運行的通道，心有推動血液在脈管中運行以營養全身的功能。

成年人的心臟大小如同你自己的拳頭，重約300克。在你的胸部中間偏左。

心臟分為左右心及心房和心室，各自由「隔」和「瓣膜」分開。

怎麼知道你的心正常不正常呢？憑你自己的感覺，醫生摸摸、聽聽都不理想，目前最可靠的方法是做一個「超聲（超音波）心動圖」。可以清清楚楚告訴你心臟各個部位是否有異常。

心臟的功能是供應全身的血液。一個人在安靜狀態下，心臟每分鐘約跳70次，每次泵

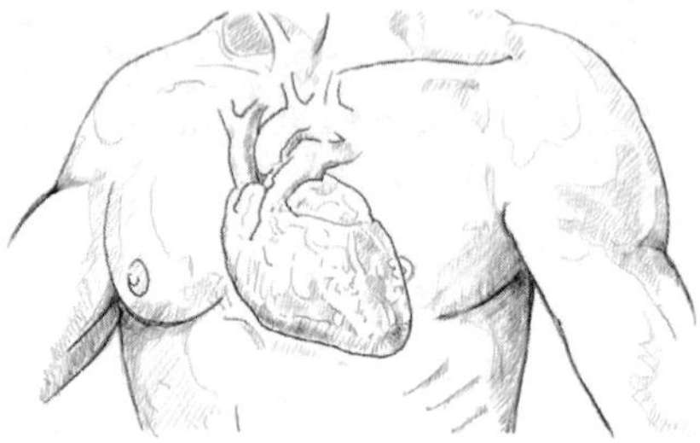

心臟在胸部的位置。

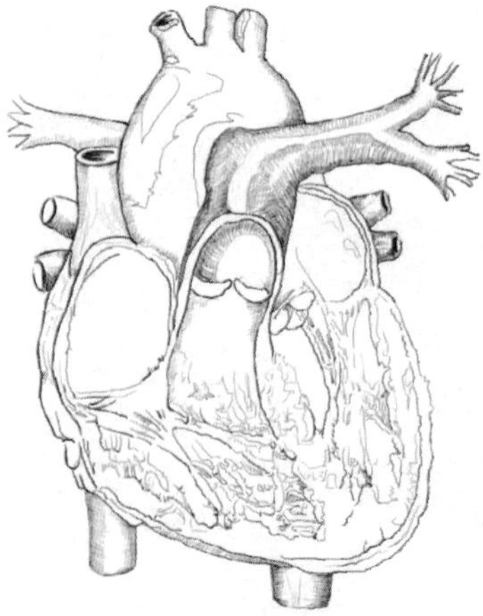

心臟內部的結構。

血70毫升，則每分鐘約泵５升血，如此推算下來，一個人的心臟一生泵血的量可想而知是如何巨大了。瞭解自己心臟功能有沒有毛病的最簡單方法是爬山或上樓有沒有「心慌」的感覺。心慌是由於心跳過快、過慢或節律不整齊造成的。為什麼會心慌呢？主要原因是心臟本身血液供應不夠，也就是缺少血液供給所引發的表現。

心臟本身供應血液是由叫做「冠狀動脈」的血管完成的。

在安靜狀態下，人的冠脈血流量為每百克心肌每分鐘60～80ml。中等體重的人，總冠脈血流量為225ml／min，佔心輸出量的４％～５％。冠脈血流量的多少主要取決於身體的活動，當活動量增加時，冠脈達到最大舒張狀態時，冠脈血流量可增加到每百克心肌每分鐘300～400ml。如果冠狀動脈的管腔通暢，血液供應充足，就不會出現心慌的感覺，反之，如果冠狀動脈管腔

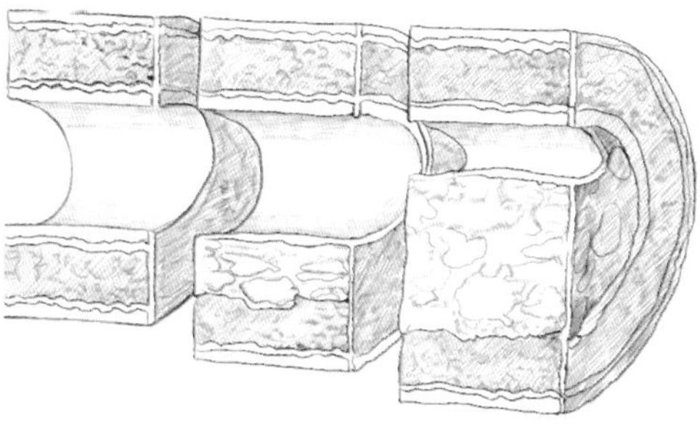

動脈血管管腔正常、輕度狹窄、重度狹窄。

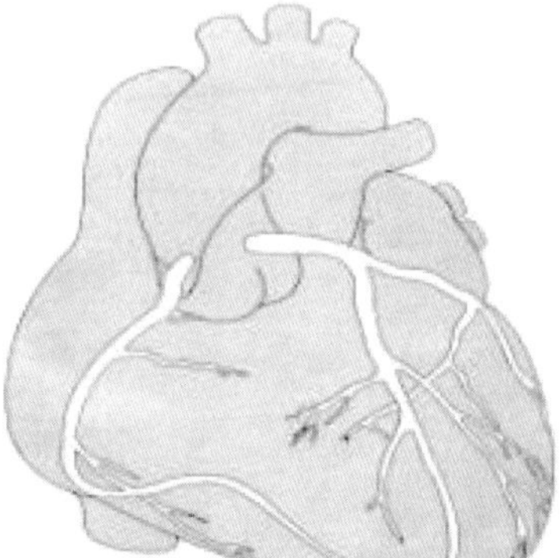

本身供應血液的冠狀動脈。

狹窄了，血液供應不能跟上，心肌缺血，就會出現心慌的感覺了。由此可見，冠狀動脈管腔通暢與否，是問題的根本所在。

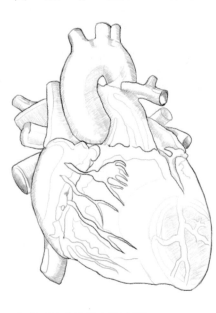

人體最多見的心臟毛病叫做冠狀動脈粥樣硬化性心臟病（coronary atherosclerotic heart disease），簡稱「冠心病」。一旦重度狹窄，由此根血管供應血液的心臟肌肉發生缺血，再發展就出現肌肉壞死，叫做「心肌梗死」。範圍大到一定程度，就會心臟停止跳動，導致突然死亡，醫學上叫做「猝死」。

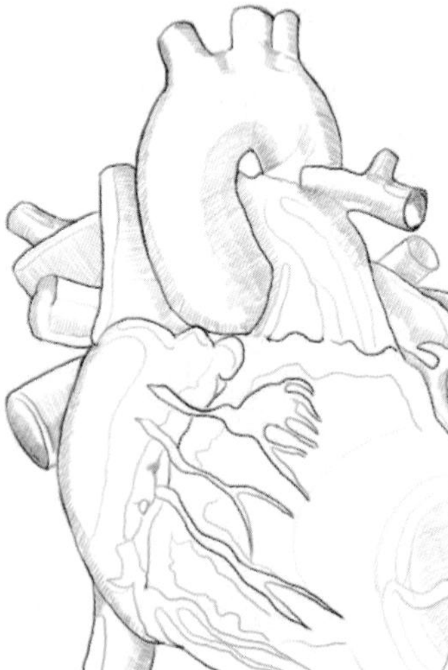

冠狀動脈閉塞導致心肌梗死。

冠狀動脈是升主動脈的分支，左冠狀動脈比右冠狀動脈粗，左冠狀動脈分為前降支和迴旋支，加上右冠狀動脈主幹成為三根主要冠狀動脈。冠狀動脈因環繞房室溝而形成環狀，像帽子（古人稱之為冠）一樣戴在心臟上，故名為冠狀動脈。

冠心病的基本病因是動脈粥樣硬化，而引起動脈粥樣硬化的最直接的原因是高血脂症。平時我們所說的「三高」，就是指高血脂、高血壓、高血糖。當血脂（主要指膽固醇和甘油三酯）超過正常值限時，就稱為高脂血症，它是生活不協調帶來的後果，它對人體的損害是在不知不覺中進行的，並且是全身性的。可怕的是由此引起一些心、腦、腎的損害。因此，預防高脂血症和動脈硬化應是我們，特別是中老年人關心的焦點。

值得注意的是：很多高脂血症病人認為自己沒有什麼症狀，也沒有不舒服的感覺，因而採取無所謂的態度，忽視了血脂的檢查。如果任由高血脂狀況自然發展，不加以控制，一旦病情加重，造成的損害往往是不可逆的。因為血脂越高、形成時間越長，造成血管內壁沉積物就越多，就像水管裡的油垢一樣慢慢地、一層一層地沉積在血管內壁上，一般二十歲左右的年輕人就已經開始形成這種沉積物，甚至有10%的兒童從十歲就開始了，這種沉積物在醫學上被稱為粥樣硬化斑塊。由此可見，從兒童開始，就要關注血脂和血管了。

如果已經發生了冠心病，發愁、著急都無濟於事，應該開始改變自己原來的生活方式，力促心臟情況的改善。簡單的方法是學會對心功能的自我判斷。根據人體在不同程度的活動量下所產生的主觀症狀，而將心功能劃分為四級：

第一級：一切活動不受限制且無症狀。

第二級：能勝任一般輕體力活動，但較重的體力活動可引起心悸、氣短等心功能不全症狀。

第三級：休息時無任何不適，但做一般輕活動時即有心功能不全表現。

第四級：任何活動均有症狀，即使在臥床休息時，亦有心功能不全症狀，如心悸、呼吸困難及不能平臥等。

你自己可以對心功能做一個判斷，力求從差的一級往好的一級過渡。這樣，就不致於發生突然的嚴重事件了。

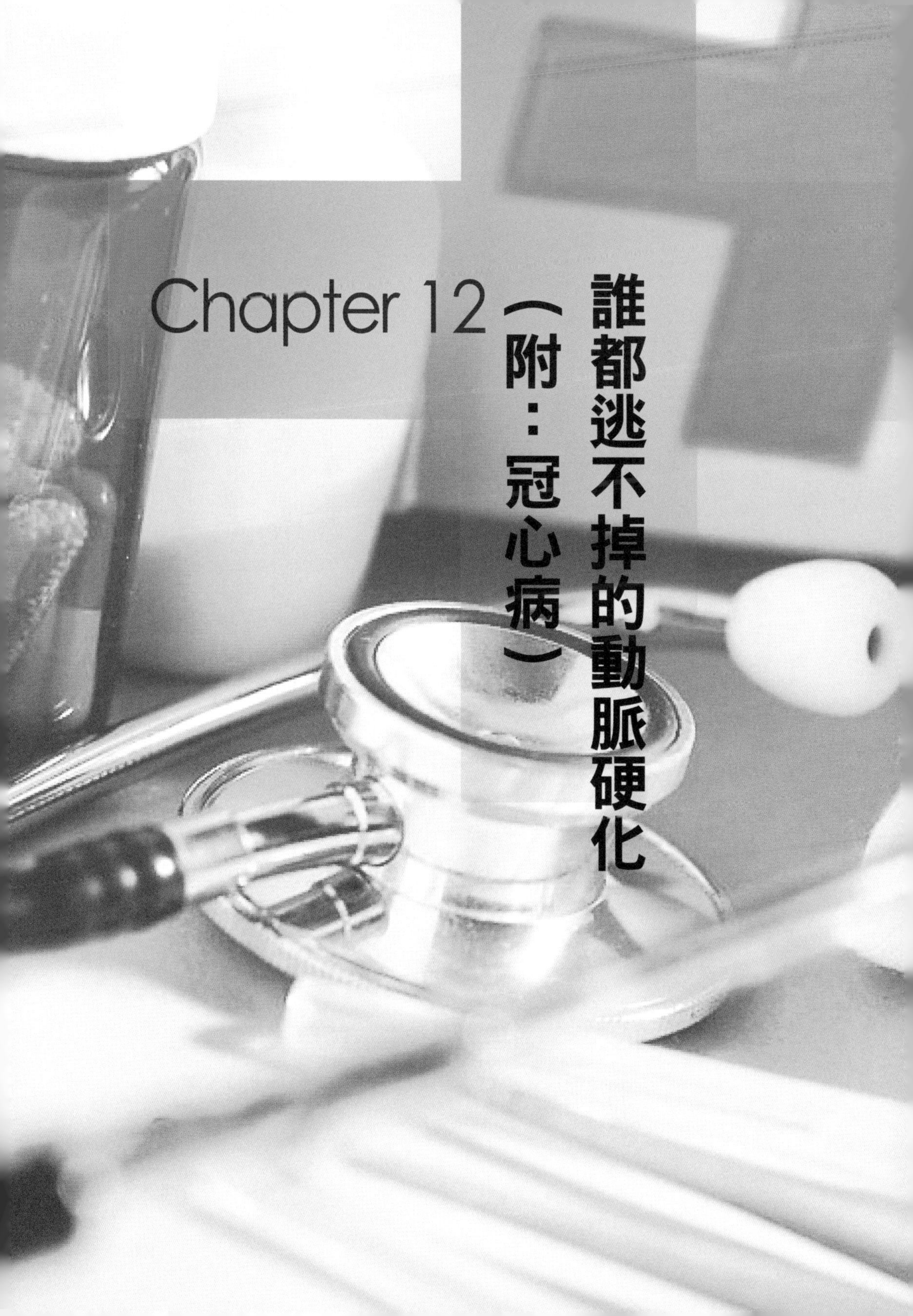

Chapter 12 誰都逃不掉的動脈硬化（附：冠心病）

動脈硬化是「心臟殺手」，大家都談之色變，但大家又說不明白它到底是怎麼回事。我給大家舉個例子：

20多年前，我曾經給一個五、六歲病逝的孩子做病理解剖。當切開他的血管壁時，使我大吃一驚：這麼小的孩子，血管壁上都是斑塊，這樣發展下去，到十來歲時他的血管就會堵塞一半，這樣的孩子還能長得大，活得長嗎？我一問他的家長，才明白這孩子從小就喜歡吃，家長心疼他，從不加限制，還生怕他少吃一口，結果吃成了一個超重的肥胖兒童，多餘的脂肪都附著在血管壁上了。

我們正常人的血管是一條光滑的管子，血液在裡面順暢的流動。如果血液裡的脂肪過多，血管壁就變得不光滑了：一開始管壁上會有一條細細的脂肪，我們叫做脂紋；再多一點就形成斑塊，進一步叫做硬化，到最後就是堵塞了，堵塞百分之多少。這樣一步步發展下去，血管堵住了一切都完蛋，血液不能流動了，道理就是這麼簡單。

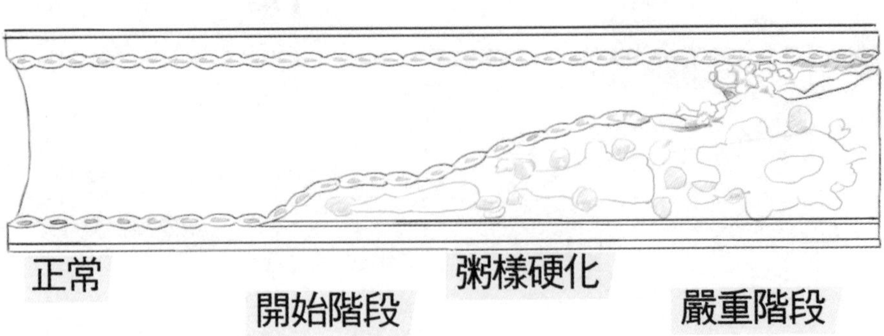

血管正常與粥樣硬化的比較。

所以我特別想強調的是，做家長的，為了你的孩子，為了你的下一代的健康，一定要把孩子的體重控制好。一個超重的肥胖兒童，你外表看他胖胖的，但是他的血管已經發生了變化，血管壁上斑塊、狹窄、堵塞，是一定會出現的。

正常動脈血管管壁是光滑的，管腔內是通暢的。當管壁中脂肪類物質堆積後，外觀上如同黏稠的「粥樣」，於是就出現了「粥樣硬化」的名稱。

正常的成年人在三、四十歲以後，幾十年的血液流動下來，血管壁上開始出現少量的脂紋、斑塊。到了五十歲以後，正常人的血管壁多多少少都會出現一些斑塊了。到了六、七十歲，沒有斑塊反而不正常了。所以我提醒大家注意的第二點是，血管硬化在五、六十歲的成年人身上是一定會出現的，無需緊張害怕，以為天要塌了。這是自然發展的一個現象。就像樹枝，小樹的嫩枝是軟的，老樹的枯枝是硬的、脆的；小樹的樹皮是光滑的，老樹的樹皮是乾的裂的，道理是一樣的。

雖然動脈硬化誰都逃不掉，你可別以為就無所謂了。我要告訴你的第三點就是：大家都會有硬化，可是血管堵塞不堵塞，差別可就大了！有的人到了九十歲，他的血管還沒有堵塞。血管裡是有斑塊，但是沒有繼續發展，沒有把血管堵住；可是有的人才五、六十歲，血管就堵住了，突然心肌梗塞，就死了。或者腦子血管堵住出現腦栓塞，就偏癱了。要避免這種悲劇，怎麼樣保護好我們的血管呢？儘管避免不了斑塊的形成，避免不了血管硬化，但是卻可以不讓它發展成堵塞！這才是最重要的。

防止血管被阻塞，只要做到三件事。

第一，你的血壓。血液在血管裡流動，壓力的大小是不是和血管壁關係很大呢？如果你從年輕時血壓就高，又不好好治療，任其發展，血管在高壓衝擊下幾十年，這個管子還有彈性嗎？所以血壓是關鍵。

第二，我們說脂、斑塊，附著在血管壁上，它是由什麼形成的呢？簡單的說就是脂肪。膽固醇、甘油三酯，都是脂類，就是油多了。如果你血液裡的脂肪控制在正常範圍以內，它就在血液裡待著，和血液一起流動，不會沾到血管壁上去；

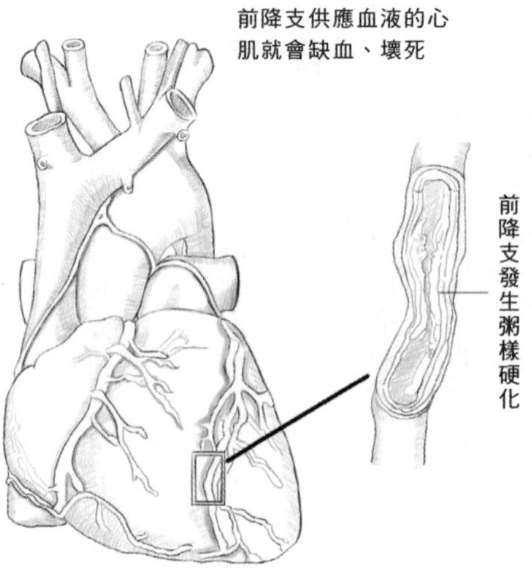

心臟的供血及血管名稱。

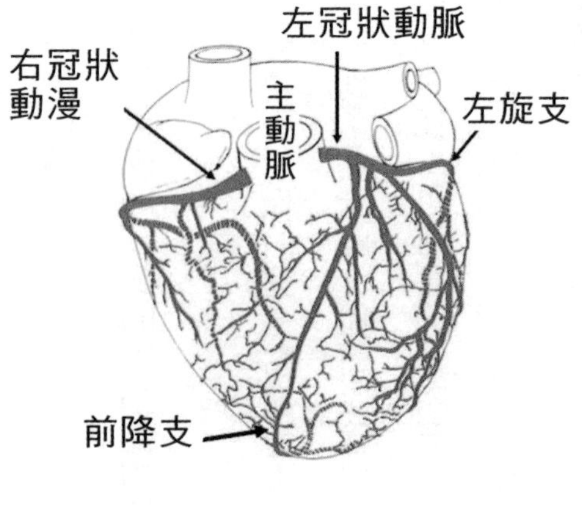

心臟的供血及血管名稱。

如果你血液裡的脂肪太多了，血液流動不順暢，它裡面多餘的脂肪就會貼在血管壁上，形成突出來的斑塊。今天黏一點，明天黏一點，血管壁上黏了厚厚的一層，血管變得越來越窄，最後就堵住了。這是為什麼血脂需要控制住。

第三，是血糖。一杯水裡如果少放一點糖，它濃度低，水不會黏稠；如果糖多了，濃度高了，血液就會變得黏稠。血管本來就有斑塊，變狹窄了，血液又黏稠，流不順暢，豈不更容易往血管壁上黏貼了？

所以，血壓、血脂、和血糖是和血管暢通密切相關的三大要素。如果這三要素正常，那麼儘管大家都血管硬化，都有斑塊，但是不會發展成血管阻塞，所以不會死人，不會中風，你可以健康的生活。反之，如果你認為大家都

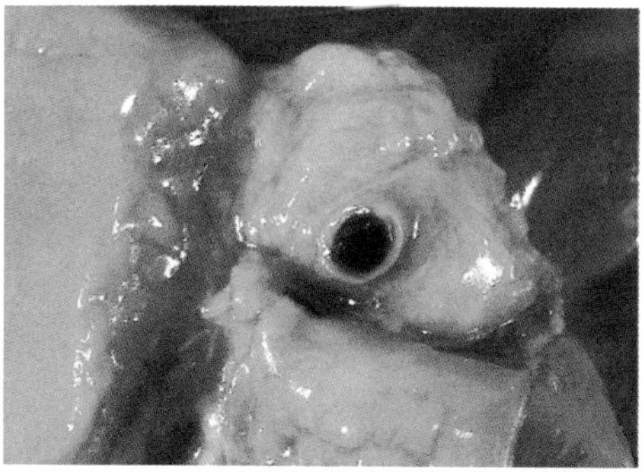
橫切面顯示的是冠狀動脈粥樣硬化伴血栓形成。

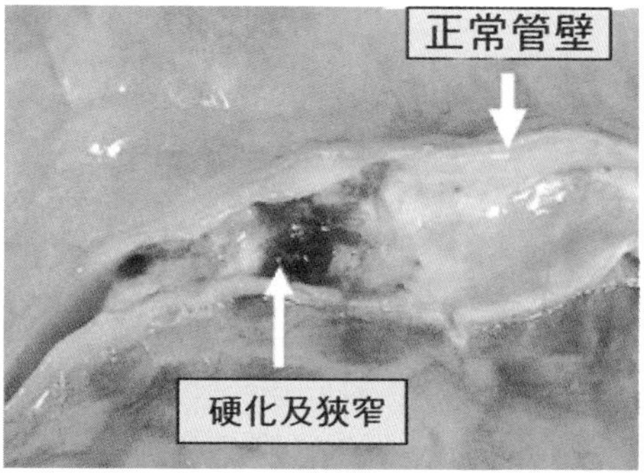

冠狀動脈粥樣硬化伴粥樣斑塊內出血。

有，你無所謂，管不住自己的身體，任其血壓高、血脂高、血糖高，不是我嚇唬你，五至十年你的血管不堵才怪呢！了不得它掙扎著給你服務五到十年，就再也服務不了了。

動脈硬化是籠統和一般的叫法。在醫學上導致疾病的名稱是動脈粥樣硬化。血管硬化和粥有什麼關係呢？血管壁上附著的脂肪類物質形成的斑塊，切開來看就是像粥一樣的形態。粥有稀有乾，這樣形容並不準確。其實它更像是豆腐渣裡伴了奶油，應該叫動脈奶油豆腐渣硬化，比較一步到位。這些大大小小的斑塊在血管壁上黏的並不牢靠，在血液的衝擊下會掉下來。如果掉下來的是很細小的斑塊，像細沙一樣，甚至有的肉眼都看不清楚，那它隨著血液流到哪裡都問題不大，不會發生腦卒中，也不會發生心肌梗塞，更不會死人。它流到哪裡你都沒有感覺。怕就怕如果是一大塊奶油豆腐渣掉下來，比如說黃豆那麼大一塊，流到你的腦子裡堵住了，比如，把負責說話的那一塊腦子堵住了，你就不能說話了；把管手的那塊腦子堵住

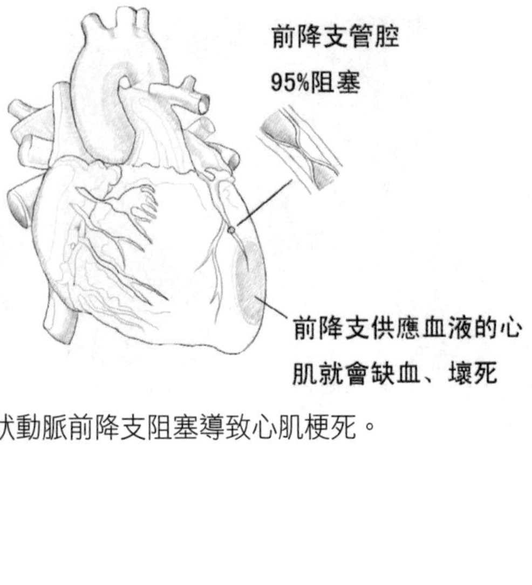

心臟冠狀動脈前降支阻塞導致心肌梗死。

了，你的手就不能動了，管腿的堵住了，你就不能走路了。

堵到腦血管裡還不會立刻幾分鐘內死人，如果這塊奶油豆腐渣流到你的心血管裡，把心臟的冠狀動脈堵死了，那叫心肌梗塞，就會立刻死人了。這就是由於奶油豆腐渣脫落，也就是動脈粥樣硬化對身體健康所產生的嚴重後果。

「冠心病」的本質

人體最多見的心臟毛病叫做「冠狀動脈粥樣硬化性心臟病」（coronary atherosclerotic heart disease），簡稱「冠心病」。

心臟本身供應的血液是由主動脈起始部位發出的兩個分支叫做「冠狀動脈」的血管

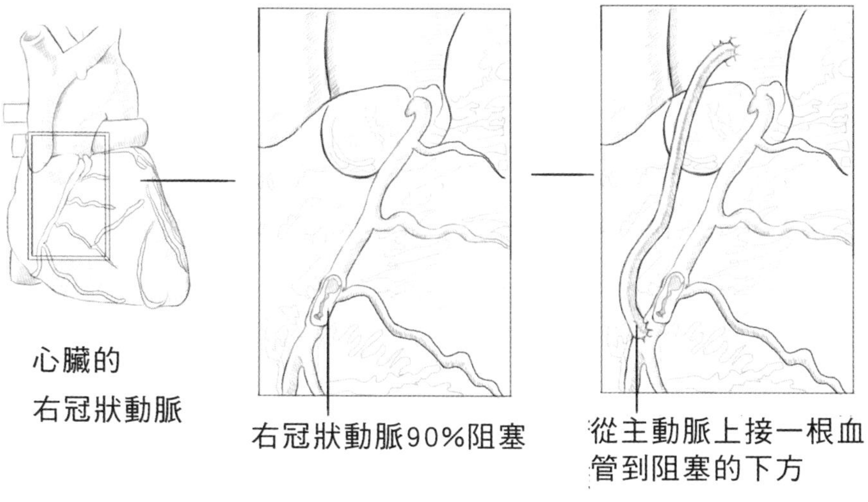

心臟搭橋在右冠狀動脈。

完成的。一支叫「右冠狀動脈」，一支叫「左冠狀動脈」。左冠狀動脈分為兩個主要分支，一個叫「左旋支」，一個叫「前降支」，再從這幾個主支分出細小分支，覆蓋全部心臟。看上去像個「帽子」戴在心臟的頭上一樣，所以得名為「冠狀動脈」。

正常心肌每一個細胞都需要冠狀動脈一刻不停地供應足夠量的血液以滿足心臟一刻不停跳動。一旦冠狀動脈出現粥樣硬化，管腔狹窄，供血就減少，心臟跳動增加時心肌就缺血，這時就會出現心慌的感覺，就叫做「冠狀動脈粥樣硬化性心臟病」。

幾乎人人都有「冠心病」，只是程度不同而已。

動脈粥樣硬化這樣一種血管的病變，可以在胎兒時期發現，並伴隨著人的從小到老的一生過程。由於動脈粥樣硬化的發展過程中沒有任何症狀，因此，多數是不被發現的。有資料的結論是在40歲的人群中，冠狀動脈和主動脈粥樣硬化病變的檢出率為58.36%，50歲時達到88.31%。也就是說，40歲時一半人都已經有動脈粥樣硬化發生了，隨著年齡的增加病變也增加。70歲以上幾乎都會出現。只是病變程度不同而自己感覺也不同而已，即輕的沒有感覺，重的感覺明顯，甚至死亡。

根據斑塊引起管腔狹窄的程度可將其分為4級：I級，管腔狹窄在25%以下；II級，狹窄在26%～50%；III級，狹窄51%～75%；IV級，管腔狹窄在76%以上。

目前任何治療冠心病的方法都是「治標不治本」。

冠心病的治療方法可分為藥物治療、介入治療、手術方法三大方面。

冠心病的藥物治療主要是降脂藥、抗凝藥、溶栓藥、擴冠藥等對症治療，堅持用藥會有一定的作用，但確切療效並不理想。

冠心病的介入性治療主要有經皮穿刺冠狀動脈腔內成形術、冠狀動脈內支架置入術等。這些治療損傷小，症狀消除率較高，患者恢復快，療效遠遠超過藥物，但隨著時間的推移，再狹窄的發生率也在增加。

冠心病的外科手術搭橋，又稱旁路移植術。即採用患者自身的一小段血管（大隱靜脈或內乳動脈）將主動與冠狀動脈狹窄下方相連，術後改為心肌缺血很快可得以消除，症狀消除率達85%～95%。但長期觀察發現，主要問題還是經過一段時間再次出現狹窄。

最佳的出路是自我調整以減緩動脈粥樣硬化的發展速度。

由此可見，冠心病的基本病因是動脈粥樣硬化，而引起動脈粥樣硬化的最直接的原因是高血脂症，再加上高血壓、高血糖，就是平時我們所說的「三高」，這樣的「三高」對人體的損害是在不知不覺中進行的，並且是全身性的。因此，對於冠心病來說，第一位重要的是預防「三高」和消除「三高」。可以簡單地說，沒有「三高」就不會有冠心病！

由於動脈粥樣硬化是不知不覺隨著年齡增長而出現的，是人生的「必然」產物，是不可消除的「客觀存在」，因此，根本上消除動脈粥樣硬化是不現實的，也是不可能實現的。關鍵點在於知道動脈粥樣硬化在於改變不良的生活習慣，低脂飲食，減輕體重，適當運動。對於持續高脂血症的病人，在改變生活習慣基礎上給予他相關藥物可以降低死亡率及發病率。

總之，冠心病的治療是以生活習慣的改變及調脂治療為根本，最佳的出路是自我調整以減緩動脈粥樣硬化的發展速度。

歸納起來，要點如下：

血管狹窄的主要原因是「三高」，

血管狹窄的形成非一日之「寒」，

治療的根本是「減緩其發展」。

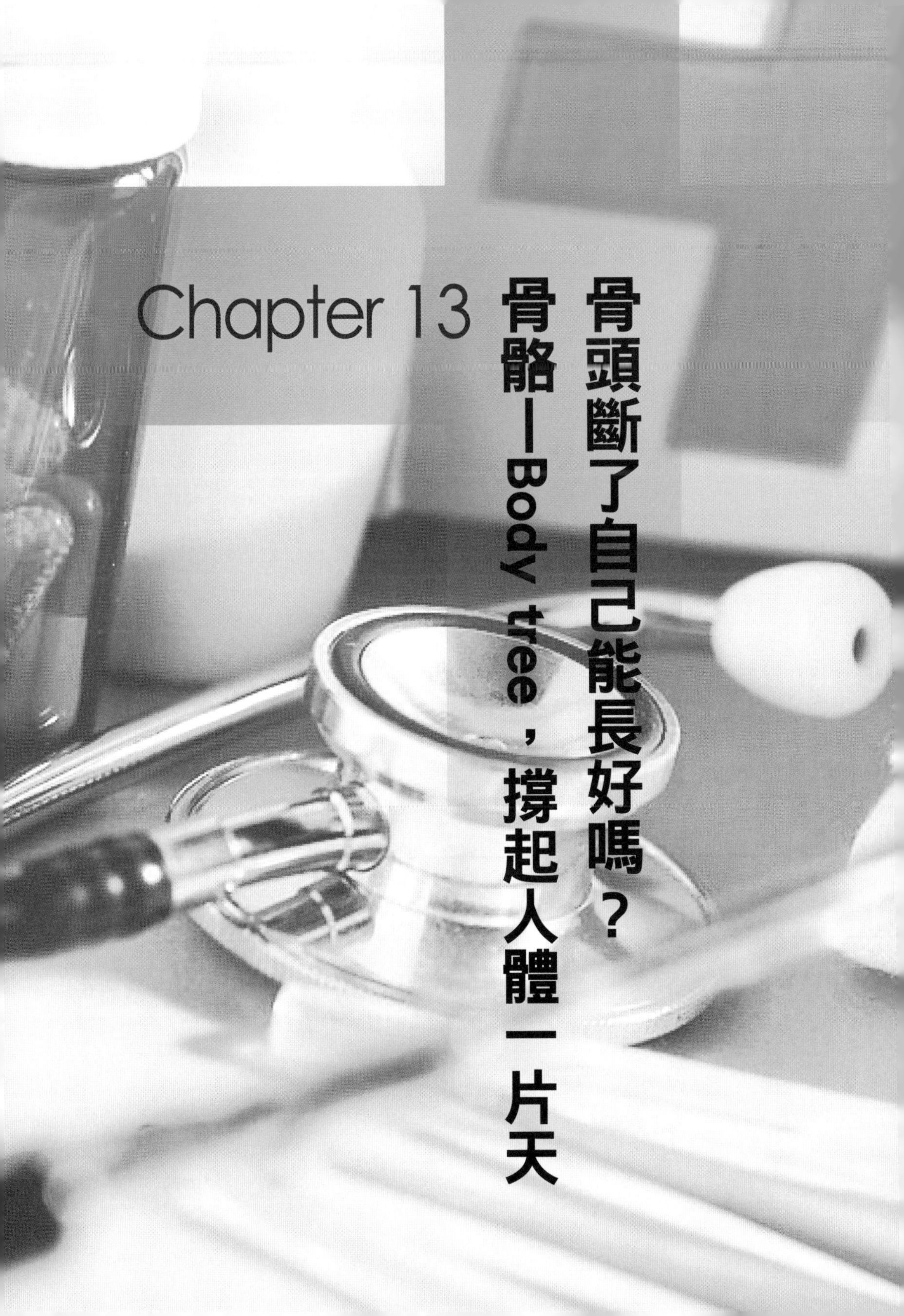

Chapter 13 骨頭斷了自己能長好嗎？

骨骼─Body tree，撐起人體一片天

生命在於運動，樹大在於招風！

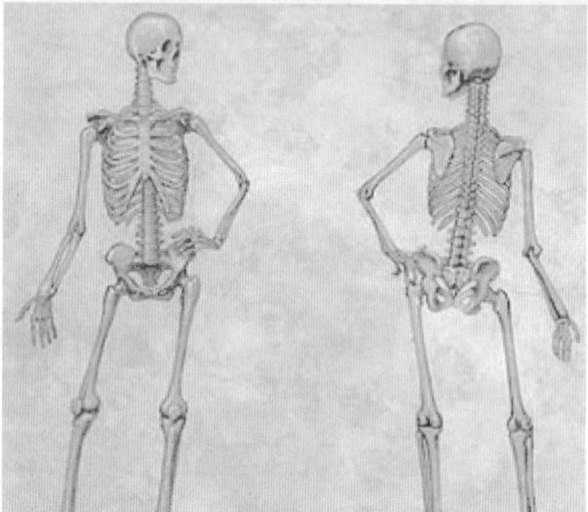

人體的骨架前後觀

此非玩笑之言，笑中有滋味。招風是需要資本的，樹幹不夠強壯，樹葉一抖即落，怎能招風好乘涼？

一棵大樹枝枝杈杈，伸向藍天，牽手白雲，這棵大樹的主幹支撐著樹身，而枝杈又營造著樹的繁茂。

在人體這個無比精密的高級機器中，一個人自由行走運動，踢腿張臂，跑跑跳跳，任何一個動作的完成，都是需要支撐，這個支撐是什麼？——骨和關節。

206是個什麼樣的數字，要把這個數字塞進人內，那是個不尋常的排列。在這206個兄弟的通力合作之下，可以展現任何你可以預知的行為動作，甚至完成難以想像的驚險動作大片，人類的任何「招風」都得叫這206兄弟連中的某個或某幾個的工作！

大樹家裡枝杈多

成人骨頭共有206塊，分為頭顱骨、軀幹骨、上肢骨、下肢骨四個部分。但兒童的骨頭卻比大人多。因為：兒童的尾脊骨有5塊，長大成人後合為1塊了。兒童的尾脊骨有4～5塊，長大後也合成了1塊。兒童有2塊髂骨、2塊坐骨和2塊恥骨，到成人就合併成為2塊髖骨了。這樣加起來，兒童的骨頭要比大人多11～12塊，就是說有217～218塊。初生嬰兒的骨頭竟多達305塊。

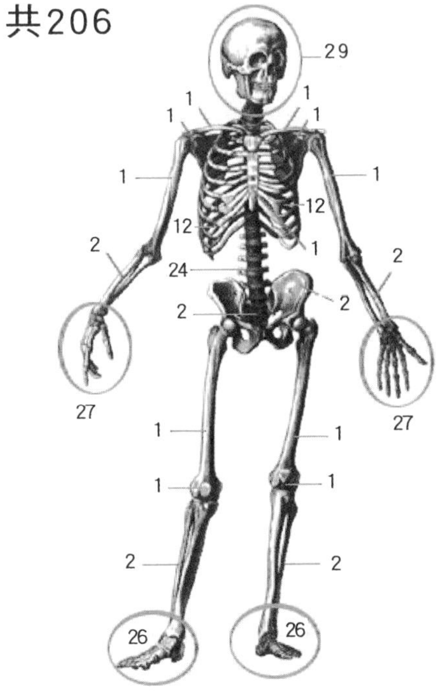

人體共有206塊骨頭

啃啃這塊「硬骨頭」

成年人骨的重量約為體重的１／５，剛出生的嬰兒骨重量大約只有體重的１／７。骨主要由骨質、骨髓和骨膜三部分構成，裡面容有豐富的血管和神經組織。骨質是骨的主要成分，由骨組織構成，有骨密質（緻密骨；compact bone）和骨鬆質（海棉骨；spongybone）之分，結構緻密堅硬的骨密質（緻密骨；compac tbone）自然要位於骨的表層，做好準備承受較大壓力和張力的衝擊；而骨鬆質（海棉骨；spongy bone）呢，結構疏鬆像海綿，填充在骨的內部。骨髓腔及骨鬆質（海棉骨；spongy bone）的縫隙裡包容著的就是骨髓，主要擔負造血職責。覆蓋在骨表面的是骨膜，裡面有豐富的血管和神經，對骨的營養再造及感覺有重要作用。同時，骨膜內還有成骨細胞，能增生骨層，發揮著使受損的骨組織癒合和再生的作用。

眾所周知，骨頭很硬，看看究竟都是什麼成分？成分是相當複雜的。主要包括約佔１／３的有機質（骨膠

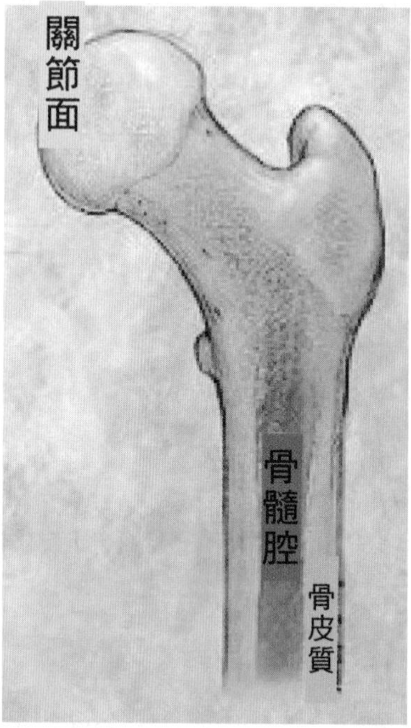

人體骨頭的結構

原纖維和黏多糖蛋白）和約佔2／3的無機質（各種鈣鹽）。有機質賦予骨以彈性和韌性，無機質讓骨具有硬度，表現堅挺。隨著年齡的增加，無機質比例增高，有機質比例減低，所以兒童的骨表現較有韌性，但硬度差，而老年人則是韌性差，脆性大，所以容易骨折。

「大樹」功能樣樣全

1、保護功能：骨骼能保護內部器官，如顱骨是保護腦的堅實堡壘；肋骨則是保護胸腔及內部臟器的有力圍牆。

2、支援功能：骨骼構成骨架，維持身體姿勢。這是大樹的基本造型。

3、造血功能：骨髓在長骨的骨髓腔和海綿骨的空隙，透過造血作用製造各種血細胞。

4、貯存功能：骨骼貯存身體重要的礦物質，例如鈣和磷。

5、運動功能：骨骼、骨骼肌、肌腱、韌帶和關節一起產生並傳遞力量使身體運動。

「樹枝」斷了莫著急

常言說：「傷筋動骨一百天」，我的骨頭斷了還能好嗎？

通常在傷後4∼8小時，破裂的出血即可在兩斷端間形成血腫，24∼72小時內血腫機化，骨折後1∼2週機化的血塊被纖維血管組織所替代，透過一些生長因數的作用，逐漸產生骨樣組織和新骨，形成骨痂。接著是骨痂改建，恢復到和原來骨組織一樣的結構，一般過程大約需8到12週完成。

所以說，只要做好復位，也就是說骨頭在原來的位置上對接好，再固定好，骨折是可以好的。加上後期正確有效的功能鍛鍊，幾個月後骨折的部分功能可以全部

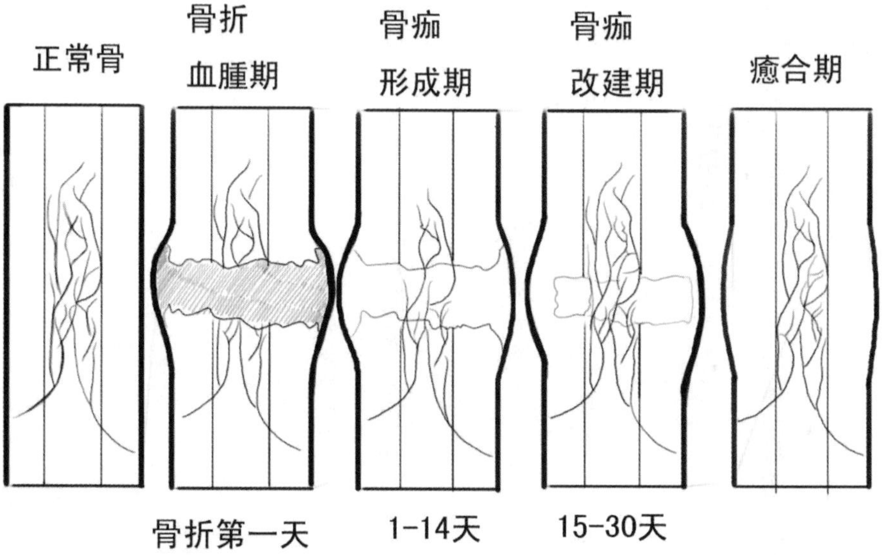

骨頭斷了後自己長好的過程

恢復。

而這個時候不得不說的是軟骨損傷了，卻是不能好的！為什麼？

主要原因是由於軟骨的代謝活躍，而修復能力有限，沒有血管的供應，怎麼修復？沒有原料，自然就得自生自滅哦！第二個原因是，軟骨細胞是一個高分化的細胞，軟骨本身在損傷部位缺乏未分化的細胞，損傷之後不能夠遷移生長到損傷的軟骨之中，隨著年齡的增長，軟骨細胞的分裂能力是逐漸降低的。沒有原料，閉門怎麼造車？

歲月中的退化

在30歲前，身體製造的骨質比流失的要多，此時，骨頭是「堅硬的」。在老齡化的過程中，骨的降解開始超過了骨的積聚，以致骨質的堅硬程度下降。一旦這種骨質的流失達到某一個值，人就得了骨質疏鬆症。尤其是絕經以後，雌激素缺乏和骨質疏鬆症的發展有很直接

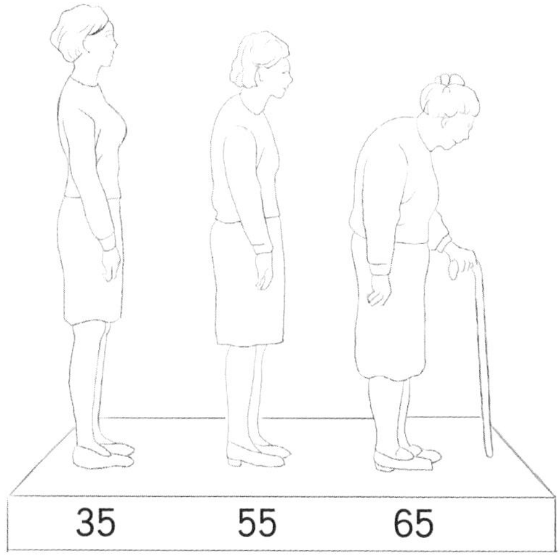

女性身高降低並背駝主要原因是骨質疏鬆。

的關係。骨質疏鬆症往往被稱為「沉默的疾病」，因為骨質流失是沒有病徵的。人們可能並不知道自己患有骨質疏鬆，直到有一天他們的骨骼變得那麼脆弱，以致於突然撞擊或跌倒就造成骨折或脊椎崩潰。脊椎崩潰的症狀是：感受到有嚴重的背部疼痛，看到自己越來越矮或脊柱畸形，如彎腰駝背。

怎麼才能知道我是否得了骨質疏鬆？做一個「骨密度（Bone Mineral Density，BMD）測試」，或「骨骼測量」就可以明確了。理想的狀況是在還沒有發展到骨質疏鬆階段就即時檢查發現後，採取有效措施，減緩骨質疏鬆的進程，確保安逸的晚年歲月。

這是歲月的饋贈，我們只能照單收下！

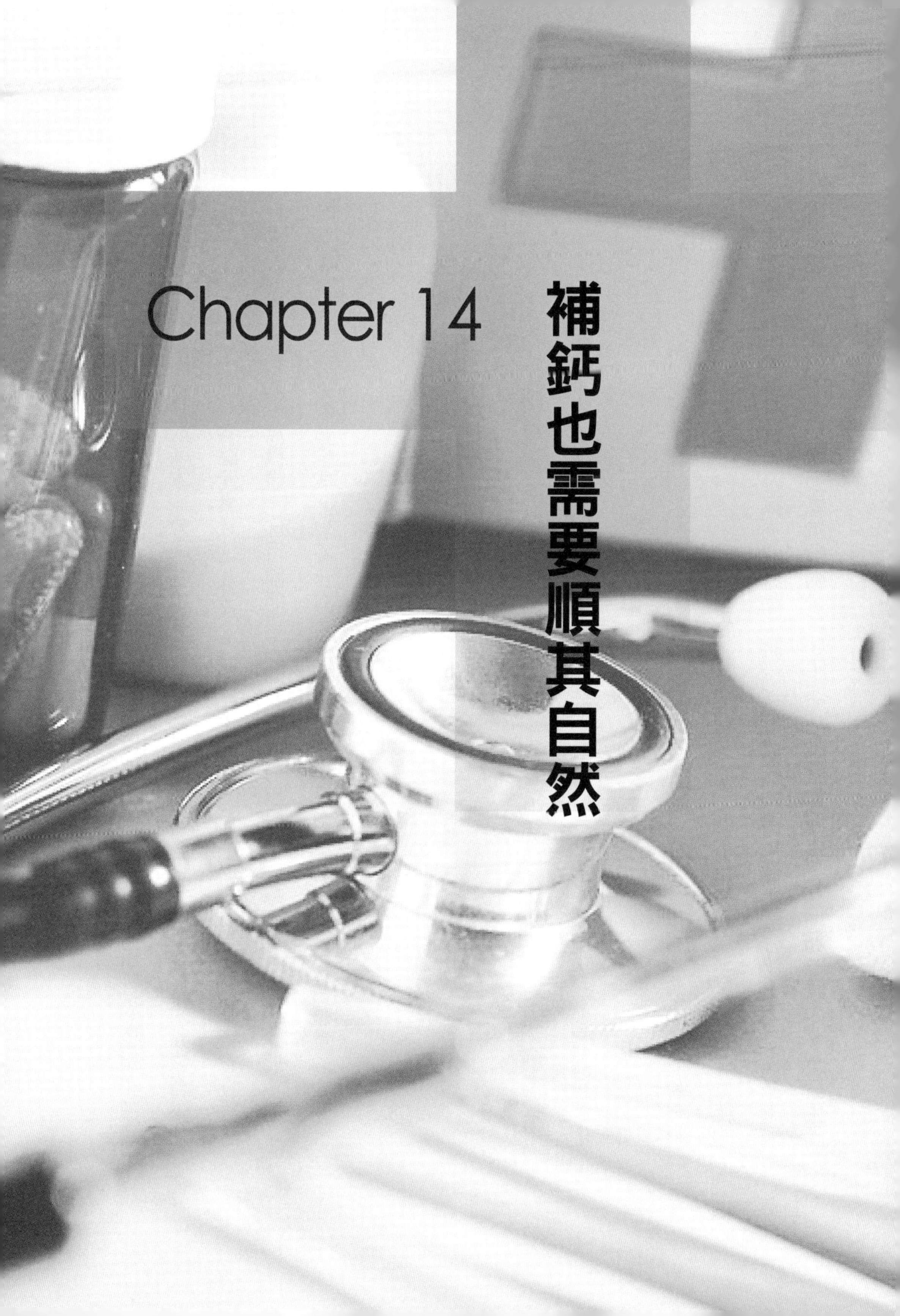

Chapter 14 補鈣也需要順其自然

人生活在地球上，人體的組成成分也就必然來自地球，人體組成的物質的種類和數量與地球表面的元素組成基本一致。其中氧、矽、鋁、鐵、鈣、鈉、鉀、鎂八大元素含量佔地殼總重量的97％，其餘元素只佔3％。這些元素除碳、氫、氧以有機物的形式存在外，其餘的統稱礦物質（無機鹽）。目前能測定的人體內的無機鹽（礦物質）有20餘種。地球外殼主要由堅硬的岩石構成，岩石含有大量的鈣。我們身體中的礦物質約佔體重的5％，鈣約佔體重的2％，大約1200克。

鈣對人體的作用

鈣是人體必需的生命元素之一，約佔體重2％，其中99％存在於骨骼、牙齒、指甲裡，1％存在於血液、細胞間液和軟組之中。雖然血液的含鈣量僅為1％，但它關乎著生命的存亡。

鈣參與人體所有生命活動的全部過程，鈣維護著身體循環、呼吸、消化、運動、神經、泌尿、生殖、免疫、內分泌等各個生命系統的正常功能。一旦缺少了鈣，各個系統的功能都要紊亂。沒有鈣，心臟不能跳動、肌肉不能收縮、消化液不能分泌、內分泌激素難以合成、人體內的各種酶不能被啟動，一切生命活動就會停止、女性卵細胞內不會發生震盪、精子無法形成鈣頂體而就不能使卵子受精，就不能孕育生命。可以說，鈣掌控著人所有器官的正常運作功能。

1歲以前鈣不足，將導致發育遲緩，發育不良。諸如出牙晚、學步晚、雞胸、佝僂病（缺乏維生素D，導致鈣、磷代謝失常所致）、羅圈腿等。發育期兒童缺鈣使得身材矮小、骨痛等。中老年缺鈣導致骨鈣逐漸流失，老年人出現身高變矮、骨質疏鬆、自發性骨折等。

缺鈣會降低軟組織的彈性和韌性，皮膚彈性差使得皮肉鬆垮；眼睛晶狀體缺彈性，易近視、老花；血管缺彈性易硬化。

鈣是一種天然的鎮靜劑，缺鈣可降低神經細胞的興奮性，導致偏頭痛、煩躁不安、失眠。對嬰兒會引起夜驚、夜啼、盜汗。缺鈣還會誘發兒童的多動症。

鈣能維持肌肉神經的正常興奮性，缺鈣時神經肌肉的興奮性升高，出現抽搐。腸道易激惹導致腸痙攣、女孩子易痛經等。

血鈣正常值是2.24～2.74mmol/L（9～11mg/dl）當血鈣量低於正常值時，各個器官的功能就下降，當降至每百毫升7毫克時，心臟就會停止跳動，若不即時補鈣就會危及生命。

當血鈣降低後，人體自身立即調動「應急機制」來提高血中鈣濃度。其方法是讓甲狀旁腺分泌激素（Parathormone，PTH），甲狀旁腺素使得骨中的鈣分解並釋放到血液裡，使血鈣維持正常水準，目的是為了維持生命，致於骨中鈣減少，骨質疏鬆，也就降為次要問題了。

鈣在人體中的「旅行」與動態平衡

含鈣的食物經過口腔食管胃的消化後，主要由小腸吸收。未被吸收的鈣經糞便排出，所以說腸的吸收是第一步關鍵。其次是骨，由小腸吸收的鈣透過血液運輸到骨。第三是腎，血液中的鈣離子經腎排泄，經尿排出體外。但鈣離子是非常重要的，因此它基本上又經腎臟重吸收。此外鈣離子還進出動脈等軟組織。總之由上述諸多器官組織和細胞調節鈣離子代謝。

維生素D是體內可以自身合成並且能夠長期貯存的物質，其主要作用為促進骨的鈣化。雌激素在骨平衡代謝中也會發揮重要作用，會促進鈣的吸收和沉積。雌激素水準下降是引起絕經後女性骨質疏鬆的主要原因，因此在補鈣的同時在醫生指導下加用雌激素，會大大增加鈣的吸收。

補鈣需考慮的因素

1、食物中鈣每天要適量。並不是吃的越多就能補的越多。在一定範圍內，食物中鈣攝取量的增加，腸道鈣離子的吸收率也相應增加。但是由於腸鈣吸收的主動轉運過程具有一定的飽和性，因此當攝取鈣超過700毫克後，腸鈣吸收增加的速度就非常緩慢甚至逐漸降低了。

2、維生素D要維持。維生素D是幫助鈣吸收的最重要因素，它與鈣的關係就像「魚兒離不開水，瓜兒離不開秧」，維生素D能夠促進小腸細胞合成鈣結合蛋白，與鈣離子進行高度緊密結合，促進鈣進入腸道細胞，使血鈣升高。缺乏維生素D，鈣的吸收緩慢而且量少。

3、性別、內分泌功能方面的因素。各

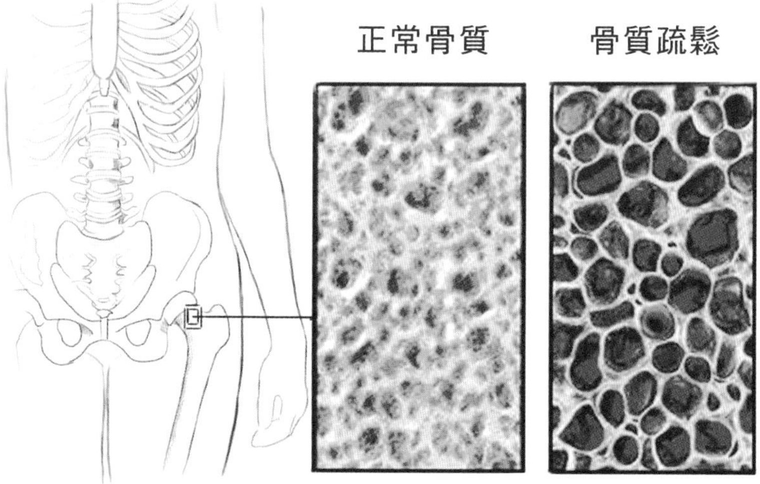

骨質疏鬆時表現為骨密度降低。

種生理因素都對人體鈣的吸收有明顯的影響，這在女性比男性表現更加明顯，雌激素越低骨質疏鬆越明顯。此外體內的其他多種激素如甲狀旁腺素、降鈣素、其他性激素、甲狀腺素等分泌正常與否都會對鈣的吸收產生明顯的作用。

4、胃酸。含鈣的鹽類，尤其是磷酸鹽及碳酸鹽易溶於酸性溶液中，而難溶於鹼性溶液中。鈣鹽經酸溶解後分離出鈣離子，才能被腸道吸收，否則就不能被吸收。在胃內的胃壁細胞可分泌鹽酸，使進入小腸的食物呈酸性，因此，鈣在十二指腸的位置吸收最多。所以凡是能夠增加腸內酸度的因素就有利於鈣的吸收，反之則不利於吸收。老年人、患萎縮性胃炎及進行了胃的部分切除手術的病人因胃酸分泌減少，鈣的吸收也相應減少。此外食量大的人，腸蠕動較快，食物在胃腸內停留的時間較短，鈣的吸收也相應減少。

5、食物種類。食物中的一些特殊成分能夠影響鈣的吸收。賴氨酸、精氨酸、亮氨酸及組氨酸等都能促進鈣鹽的吸收。動物的乳汁中含有豐富的乳糖及賴氨酸，因此其所含的鈣容易被吸收。食物中過多的脂肪也降低鈣的吸收。酒、濃茶、咖啡等也會降低鈣的吸收。有「吃鹹」愛好的人攝取過多的鈉鹽，在腎臟濾過時，鈉能夠與鈣的重吸收相競爭，使鈣的重吸收減少，尿鈣排出增多。

6、食物中鈣／磷的比例。食物中鈣與磷的比例也會影響鈣的吸收。當比例為1:1～2:1時，即鈣的量稍高於磷時，對鈣的吸收最有利。牛奶中含鈣量遠高於人奶，但由於其含磷量也很高，鈣磷比值不當，故與人奶相比，牛奶中的鈣較難被吸收。而人奶中鈣磷比例合適，就能夠「物盡其用」，維持鈣的良好吸收。

7、年齡。年齡越大，腸鈣吸收越少。一般來說，年齡每增加10歲，鈣的吸收率可以減少5%～10%，在人生不同的生理階段，對鈣的需要量不同都會導致對鈣吸收的差異。兒童、青少年期生長發育階段對鈣的需要量大，鈣的吸收也增強。嬰兒可以吸收食物中50～60%的鈣，兒童、青少年能夠吸收35～0%。在孕婦、乳母階段對鈣的需要量也增加，也會導致鈣吸收增強。但是在成年人階段鈣的吸收只有20%左右，到了老年人則低於15%。

人們常說：鈣是生命的火花。正常情況下，鈣在人體各組織中維持著動態平衡。鈣的平衡就是以激素為主的多種因素作用於鈣在體內代謝的結果，最終目的就是使血鈣和骨鈣保持穩定和平衡。骨鈣一般相對穩定，而血鈣的波動較大。因此，鈣的調節實際上就是血鈣濃度的調節。現在的中國，到處都是一片「補鈣」聲，豈不知單純過量用鈣片（碳酸鈣，葡萄糖酸鈣），結果使過量的鈣在體內遊走，並沉積在不該沉積的地方，導致異位鈣化（增生），腎結石，膽結石等病的發生以及動脈硬化都與過渡補鈣有關，在缺乏維生素D的前提下補鈣出現小幅增加心血管心臟病發作的風險。

說到底，自然而然地合理有效果的補充，才是自然人可取的態度與方法。

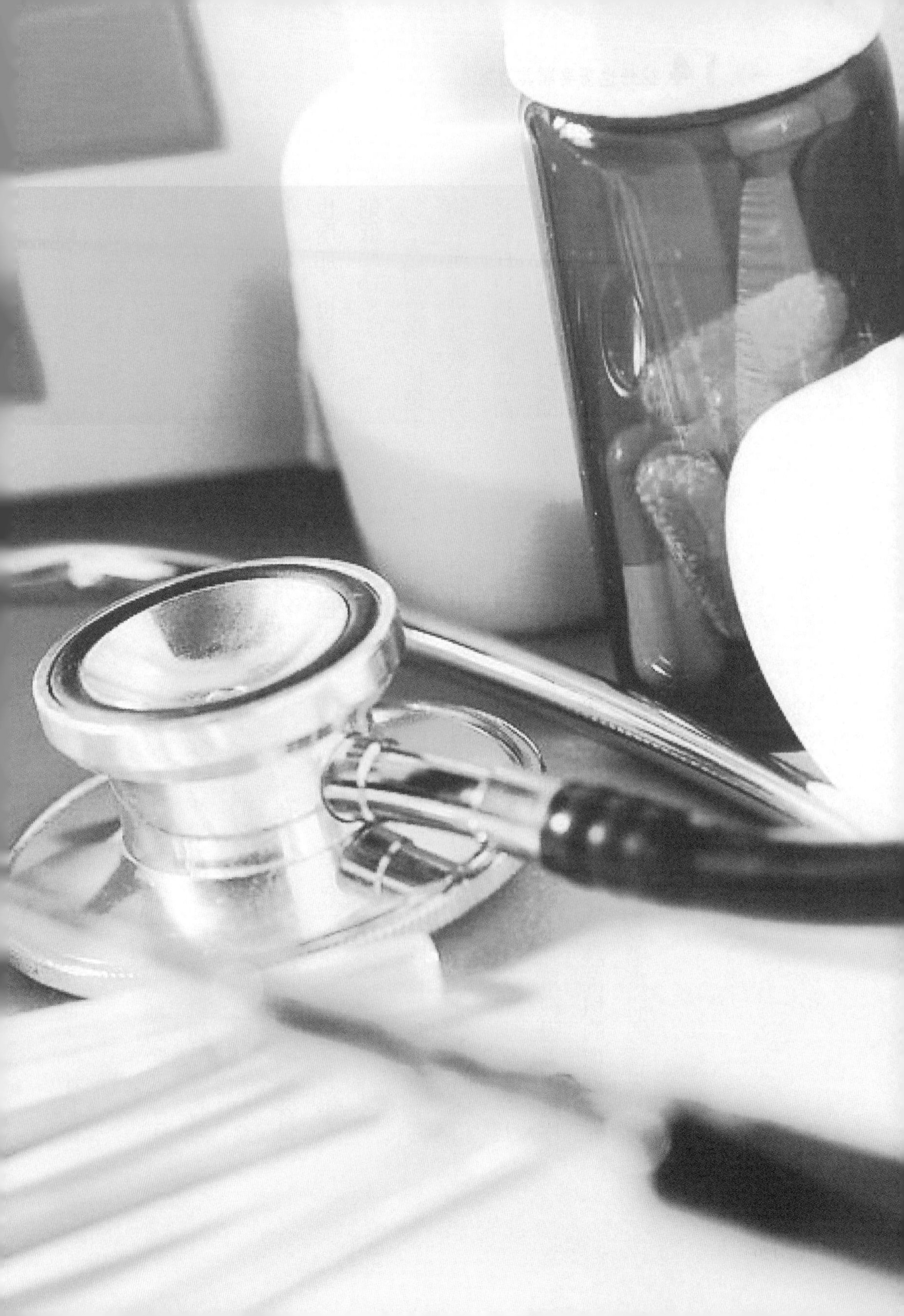

Chapter 15 被誤診的頸椎病（Cervical Spondylopathy）

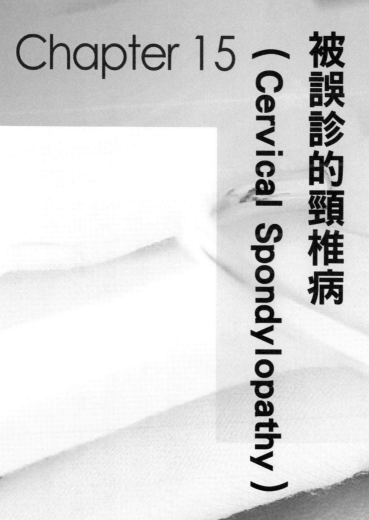

頸椎病者何其多，一半卻是被誤診。

今天我們討論一個常見的容易被誤診的疾病。

先來說一件發生在我自己身邊的事。我的父親二、三十年前，也就是五、六十歲的時候，突然有一天胳膊抬不上去，也不能轉動了。當地醫院診斷為頸椎病。我趕緊讓他來我這，該檢查的都檢查了。頸椎是有一點骨質增生，其他也沒發現什麼。但是症狀明顯，胳膊只能抬到肩膀高就抬不上去了，而且還會痛。於是我就給他按頸椎病治療，敷藥、物理治療、器械鍛鍊，把我們醫院所有用過的方法都用上了，結果是沒多大效果，只好就那樣了。

大概五、六個月以後，突然有一天，他的胳膊又好了，能抬高，也能轉圈，不痛了，什麼事也沒有了。我感到很奇怪，頸椎病就這麼好了？這使我對頸椎病產生了興趣，我倒要弄明白這病是怎麼回事，到現在都二、三十年了，再也沒出現這樣的毛病，這樣實在很難解釋。

正當我想弄明白這件事的時候，我的妻子又突然間雙手麻木。這時候她也五十多歲了。然後去檢查，脖子的CT，核磁也都做了。結果是發現椎間孔有的地方是有些變窄變細，血液在裡面流通會受到阻礙；骨質也有些增生，周圍的神經是會受到壓迫的。於是

15 被誤診的頸椎病（Cervical Spondylopathy ）

又開始牽引，改變體位，諸多方法都用了。折騰了幾個月，又是突然有一天全好了，什麼症狀也沒有了。這是發生在我自己身旁的事情，在我們日常工作和生活中和我們的周圍，碰到的這樣的事情也是太多太多，這個現象更加促使我把頸椎病的內幕揭示出來看看。

當我把頸椎的結構，生理和頸椎病的症狀和表現理出一個頭緒以後，使我大吃一驚。原來被醫院診斷出來的頸椎病，一百個裡面有五十個不是頸椎病。怎麼樣？吃驚吧？頸椎病的名字耳熟能詳，很容易做診斷，也很容易給你戴上這個帽子，但是這裡面的名堂可是太多了，可不是一個頸椎病的名字就能扣住的。那麼，什麼樣的症狀容易和頸椎病相混淆呢？

我們的脖子裡面有十幾束肌肉，這些肌肉支撐著我們的脖子，使脖子支撐著頭部直立和轉動。除了你躺著的時候頭是平放著的，其他任何時候，你站著還是坐著，都要靠你脖子上的肌肉工作，來支撐著你的頭部。脖子的肌肉會酸痛，就像你走路多了腿上的肌肉會酸痛。

這些肌肉為什麼會酸痛呢？肌肉的細胞在工作的時候會產生廢物，這些垃圾要靠血液把它帶走。如果產生的垃圾多了，血液來不及把它們即時清理乾淨，垃圾慢慢堆積起來，這時候就會產生疼痛，或者不舒服、難受。有的年輕人來看病也說是頸椎病，我就要打個問號了。仔細一瞭解，就是坐在電腦前幾個小時甚至更長的時間，那要產生多少垃圾啊？平時也沒有那麼多的血液去打掃垃圾，今天堆一點，明天堆一點，越積越多，掃不掉了，這時候你疼痛的感覺就出來了。這是你肌肉的問題，可是就被歸為頸椎病了。

肌肉還會出現另外一種問題：每一條肌肉都有自己的走向和位置，如果兩條肌肉由於外界的力量發生了錯位，最常見的是所謂「落枕」，就是兩條肌肉擰住了，位置不順了，也會發生疼痛。這時候脖子疼了去看病，也可能又把它說成是頸椎病了。

所謂的頸椎病是指頸椎椎間盤發生了病變，加上疲累及其周圍組織結構（神經根、脊髓、椎動脈、交感神經等），並出現相應臨床表現者。這個

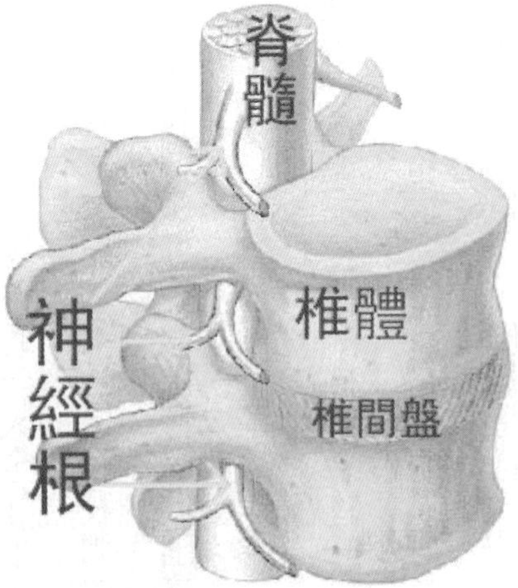

正常頸椎模型。

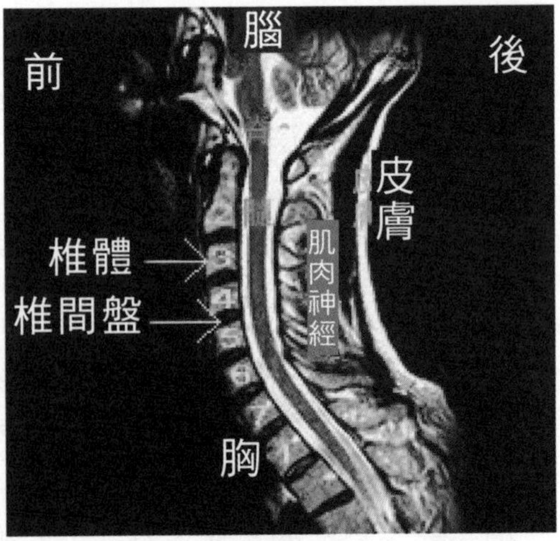

正常頸椎的核磁共振圖像。

定義需要具備三點要素：

（1）頸椎椎間盤發現異常；

（2）累及其周圍組織結構；

（3）出現相應的臨床表現。這三個內容相互聯繫，缺一不可。前二點主要靠影像片上的客觀表現做為依據，再加上對應的症狀表現。

實際工作中在頸椎病診斷時出現常見問題是：

第一，僅僅依據影像片上有頸椎毛病這一條就做出頸椎病的診斷，這是不準確的，因為55歲以上的人群中80％有頸椎異常的改變，但其中大部分並無臨床表現，所

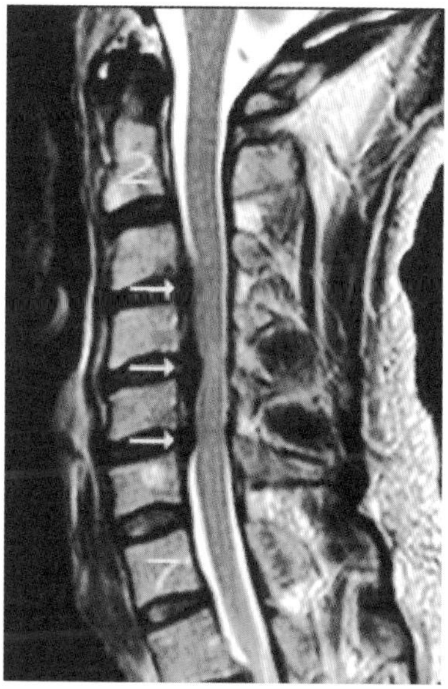

頸椎椎間盤3、4、5向後突出。

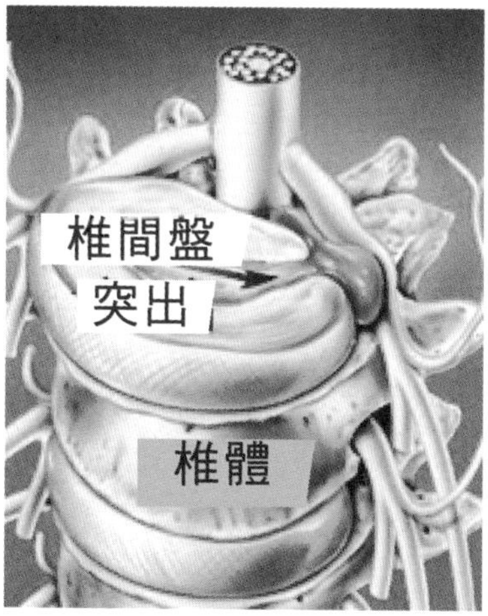

椎間盤突出的模型。

以僅憑影像片上所見就診斷為頸椎病是不妥的。

第二，只根據臨床表現，在沒有必要的影像片檢查證實相應的頸椎有病變就做出診斷，這也是不準確的，因為沒有頸椎的病變就沒有頸椎病的發病基礎。另外，頸椎病的很多臨床表現也可在頸椎病以外的疾病中存在，例如，上肢麻木無力可由神經發炎所引起；頭暈也可由腦血管病、高血壓病、耳科疾病引起；四肢痙攣性不全癱也可由椎管內腫瘤等引起。

回過頭來說我父親的肩膀痛，現在想起來應該是肩周炎。籠統的說，人到五十歲以後，高發肩關節疼痛，這不是頸椎的問題。還有我妻子的脖子疼，引起雙手麻木，半年多以後好了。我分析她這是什麼問題呢？也不是頸椎的問題，而是到了更年期了。

月經停止以後，雌性激素降低，激素降低引起什麼呢？大家知道骨頭年輕的時候，鈣要往骨頭裡，需要陽光，需要雨露。雨露是什麼呢？就是女性激素。到了年紀大了以後，女性激素降低了，鈣就會從骨頭裡往外跑，即是鈣的流失。骨頭裡的鈣流出到骨的血液裡的時候，也會出現難受和疼痛的感覺。所以婦女到了更年期以後，隨著骨頭裡鈣的流失，有些人會表現在脖子，肩膀部位骨的疼痛，嚴重的還會影響手和肢體的活動。這種現象不要誤認為是頸椎病。

此外還有太多的原因也會引起脖子肩膀的疼痛，不要都把它歸到頸椎病。只有頸椎的七塊椎體之間由於摩擦轉動出了問題，或者兩塊椎體受的壓力太大，把中間的椎間盤擠壓出去，壓迫到後面的神經，還有就是椎管過窄等，這些直接由頸椎本身發生的病變導致的疾病，才叫做頸椎病。如果把由其他原因導致的脖子痛都按對付頸椎病的辦法去治療，豈不越治越複雜了？

再有就是椎間盤突出症。有很多人有慢性的腰腿痛，這裡面也有各種各樣的原因，有一大批並不是椎間盤突出症。腰椎是由五塊椎體組成的，一塊落在一塊上面組成腰椎，支撐著你的腰直立。為防止骨頭對骨頭太硬，每兩塊腰椎之間有一層軟墊，像椅子墊一樣。如果壓力使得這塊軟墊被擠出去了，壓到腰椎後面的神經，引起腰腿的疼痛，才是椎間盤突出症。壓迫的程度又分為一度二度三度。如果壓迫的不明顯，你去做手術，又有些不值得。

如果用現在的檢測方法，明確的看出椎間盤壓在哪裡的神經上了，你的年齡又不算大，才五十多歲，腿就不能走路了，家裡還有好多工作也做不了了，這時候應該考慮做手術，把突出的壓迫神經的那一塊去除（現在也不用開刀，打個洞進去就可以了），這種情況下手術就是解決問題的最佳選擇。

人的身體的每一個部分都是非常精確的設計好的。頸椎和腰椎部位的不適並不都是頸椎病和椎間盤突出症。關鍵是要非常細緻的理清這些部位都會產生什麼問題，是什麼原因導致的。有很多人幾年，甚至十幾年，被脖子痛、腰腿痛折磨的很痛苦，其中很大一部分是沒有找到真正的原因。只有把產生問題的原因找到了，才能有的放矢的解決它，這是需要花點工夫的。

Chapter 16 肩周炎——典型的可以自癒的毛病

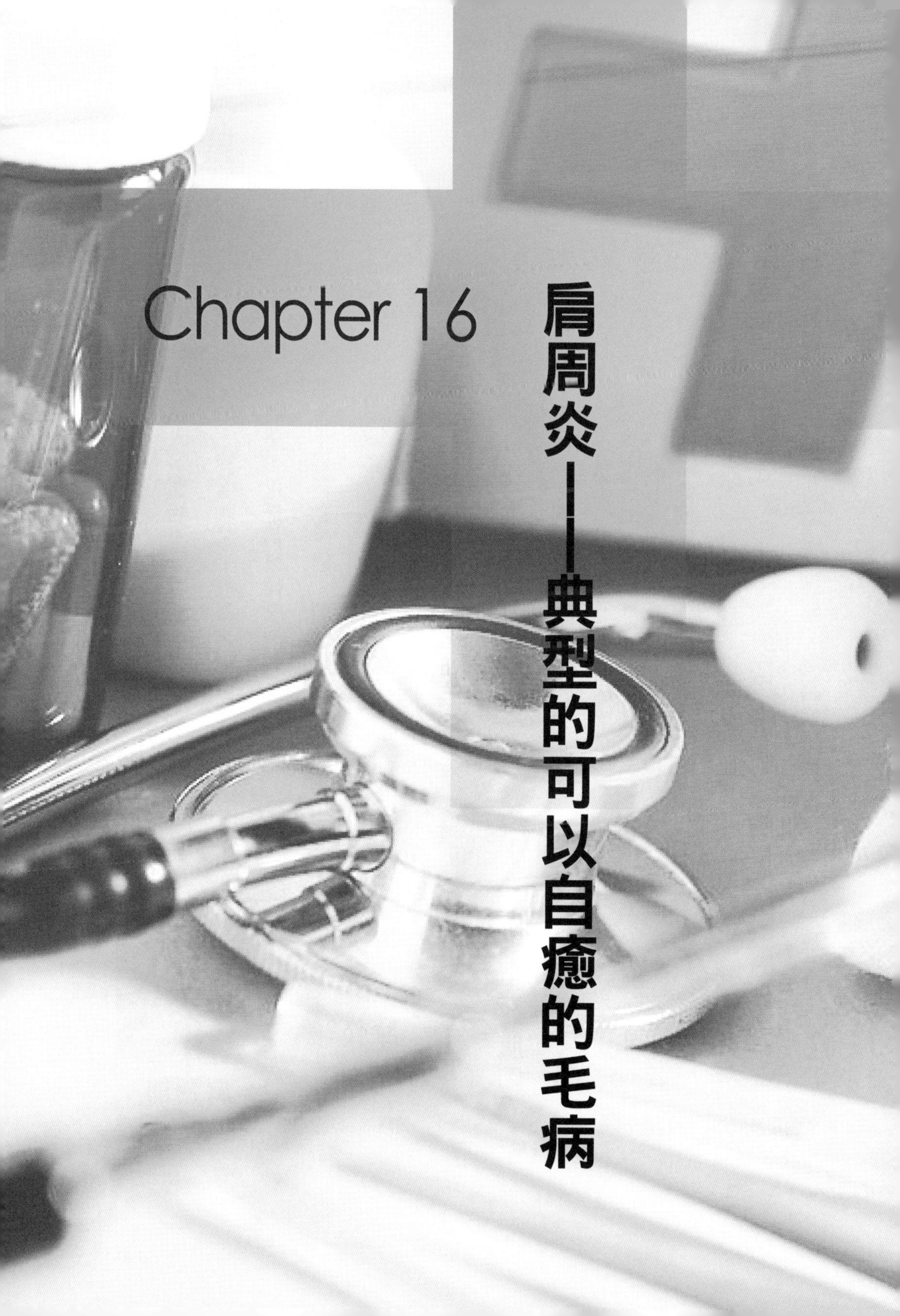

在人們的周圍，你只要細心觀察一下就會發現一個現象：得了肩周炎的人，開始十分苦惱，疼痛、不能活動、做什麼也不成。接著就試了很多醫治過程：針灸、推拿、外擦中西藥，可是都沒什麼的效果，還是幾乎每夜都要疼醒，手臂行動受限，於是覺得可能或者小醫院醫術不高的緣故，就去大醫院掛號，總想多少會有好點的辦法吧。於是醫師接著又折騰了一陣，還是沒有效果。於是就灰心喪氣，情緒低落，幾乎崩潰。就這樣，幾個月消耗掉了，精疲力竭躺在床上大睡一場，一早醒來起床、穿衣、洗臉、早餐，嗯？怎麼肩膀不痛了？最後，竟然不留一絲痕跡地痊癒了。

肩關節是人體全身各關節中活動範圍最大的關節。其關節囊較鬆弛，關節的穩定性大部分靠關節周圍的肌肉、肌腱和韌帶的力量來維持。由於肌腱本身的血液供應較差，而且隨著年齡的增長而發生退行性改變，加之肩關節在生活中活動比較頻繁，周圍軟組織

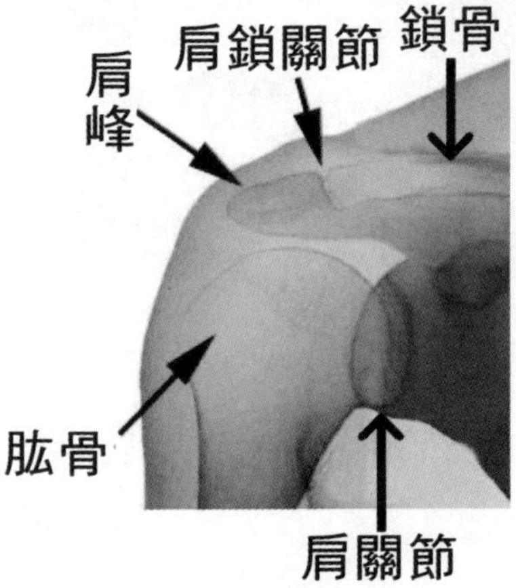

肩關節包含由3塊骨頭和2個關節。

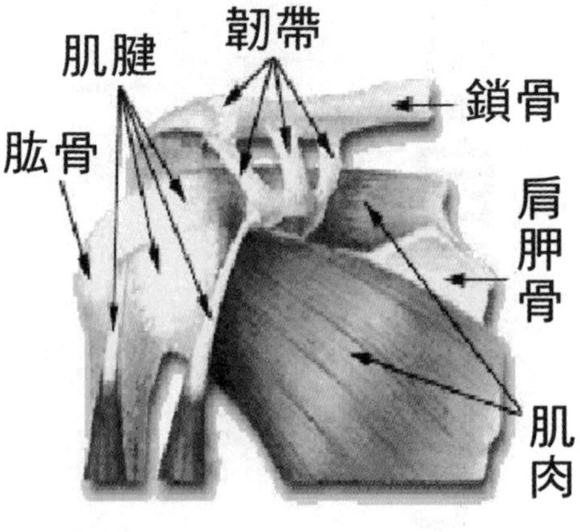

肩部的眾多肌肉肌腱韌帶。

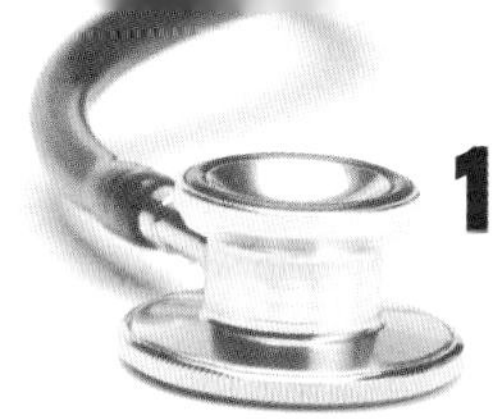

16 肩周炎——典型的可以自愈的毛病

經常受到來自各方面的磨擦擠壓，因而容易發生損傷。

肩痛一旦發生，首先要照X光片或其他影像學檢查，看看有無骨頭、肌肉、關節等發生結構異常的改變。如果沒有發現結構的異常，這時稱為肩周炎。

肩周炎又稱肩關節組織炎，這是肩周肌肉、肌腱、滑囊和關節囊等軟組織的慢性無菌性炎症，炎症導致關節內外黏連，從而影響肩關節的活動。其病變特點是廣泛，即疼痛廣泛、功能受限廣泛、壓痛廣泛。50多歲的老年人比較常見，故又稱「五十肩」。是老年常見病與多發病。又因患病後肩關節僵硬，活動受限，好像凍結了一樣，所以稱「凍結肩」、「肩凝症」。

目前，對肩周炎的治療後發現，服用止痛藥物只能治標，暫時緩解症狀，停藥後多數會復發。而運用手術鬆解方法治療，術後容易引起黏連。

由於肩周炎的確切原因不清楚，目前發現一些誘因：

1、肩關節保暖不好而受涼。

2、長時間的做某一個動作出現肩部勞累。

3、用力過渡導致損傷。

針對上述誘因，肩周炎病人在調護方面應注意以下幾點：

1、肩部要保暖。

2、經常地適當運動，可做柔軟體操、太極拳等，不僅使局部血液循環暢通，還可以加強肩部關節囊及關節周圍軟組織的功能，從而預防或減少肩周炎的加重。

3、肩周炎發生後，最重要的是及早進行患側主動的和被動的肩關節功能鍛鍊治療，如彎腰垂臂擺動、旋轉、正身爬牆、側身爬牆、拉滑車等。

4、需要耐心，因為肩部功能的恢復不會很快，但只要堅持下去，是可以痊癒的。若因怕痛，肩關節長期不動，肩部的肌肉，特別是三角肌就會發生萎縮，對肩關節正常功能的恢復是不利的。

Chapter 17 真正有效的皮膚保養法

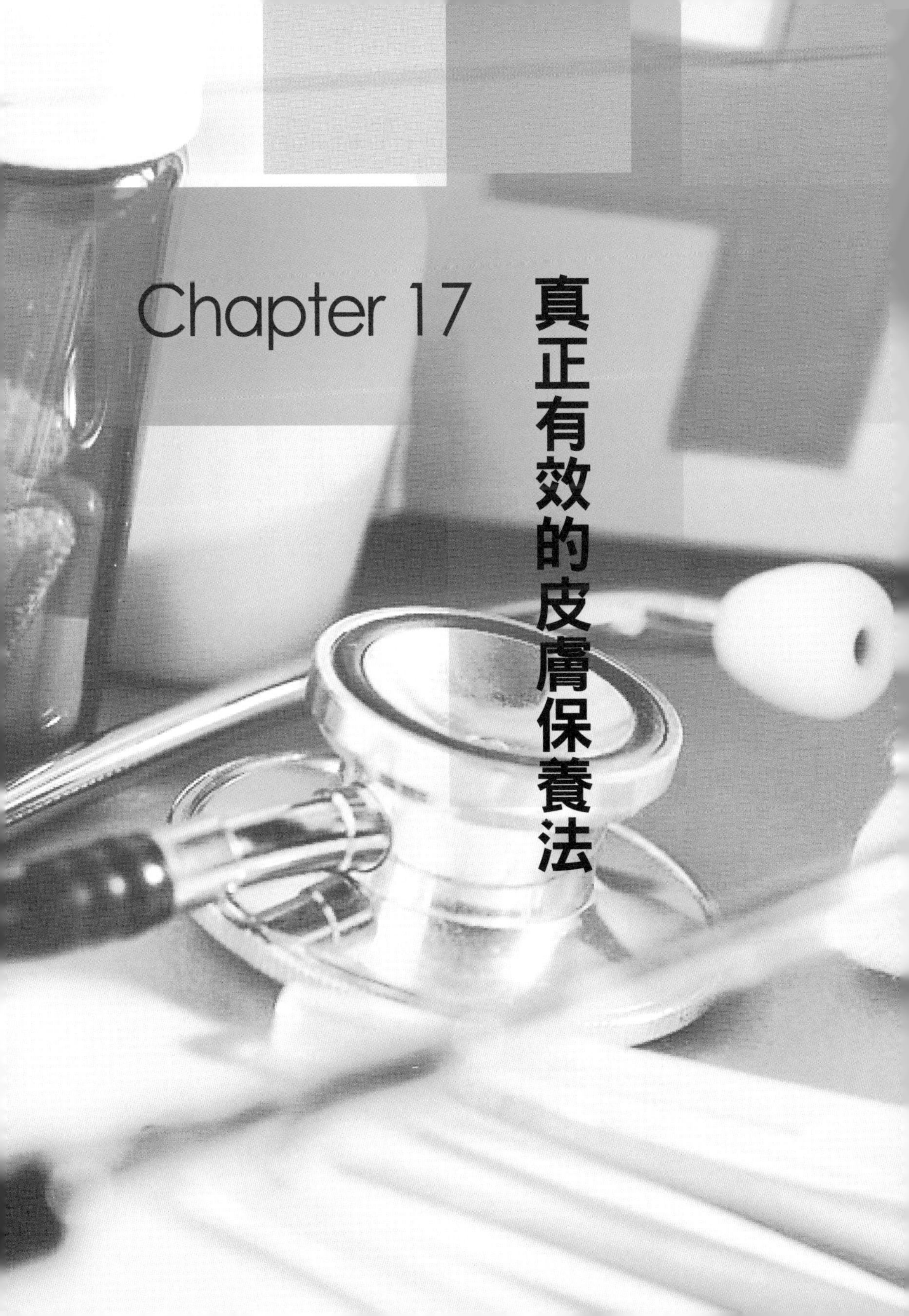

在我們日常生活中總是難以避免一些錯誤，或者說一些陷阱，讓人走錯了路。今天來提一提關於皮膚美白的問題。

我們科有一個年輕的醫生，剛畢業的小姑娘，還沒找男朋友。分到這裡來以後，我發現她一有空就在網上搜尋形形色色的護膚品。那名堂多了，水啊，油啊，膏啊，讓人目不暇接。我問她這些是什麼，她說這個怎麼怎麼有效，那個如何如何神奇，這個補水，那個增加膠原蛋白……我聽了暗暗好笑，拿來一張皮膚的切片說：「現在有空，妳來，我給妳介紹一下人的皮膚。」

人的皮膚就是人的外衣，這一張皮的作用可是不小哦。那是我們人體最精密的外衣。當然這件外衣也是由一個個的細胞組成的了，要說到細胞，奧秘可就多了。

看一個漂亮姑娘，第一眼看到了什麼？肯定是看皮膚啊！俗話說「一白遮百醜」，皮膚白是好姿色的一個元素。在這個星球上有著至少四個顏色的「人外衣」，也就是：白色人種、黃色人種、棕色人種和黑色人種。為什麼會有這些差異呢？難道說不同的人身上的外衣真的不一樣嗎？那還得一點點說起。

總體觀，皮膚是人體的「外衣」

人全身被一層皮膚從頭包到腳。皮膚最厚的部分在腳底下，承受最大的壓力；最薄的部分是眼皮，眼睛一分鐘要開合好幾次，所以這部分的皮膚又輕又薄。皮膚總重量佔體重的5％～15％，總面積為1.5～2平方米（平方公尺；m^2），厚度也會因人，或因部位而異，0.5～4mm不一。皮膚覆蓋全身，保護體內各種組織和器官免受外界的各種侵襲。皮膚做為身體一個有力的屏障，一方面可以防止體內水分、電解質和其他物質的丟失；另一方面阻止外界有害物質的侵入。

看結構，膚色的奧秘原來如此

皮膚，看似很薄，那可不是，家族裡人員不少的。由表皮、真皮和皮下組織構成，並含有附屬器官，像汗腺、皮脂腺、指甲、趾甲以及血管、淋巴管、神經和肌肉等等。

皮膚的表皮是由七層細胞排列而成，就像一堵牆，由七層轉頭砌成，保護著你的身體內部。表皮的下面有血管，有神經，有肌肉，再深層還有脂肪。表皮下的真皮是由三種纖維構成的：第一種比較粗的纖維叫膠原纖維；第二種纖維很細，像一層網，把皮膚織在一起，叫網狀纖維。它是皮膚的框架，就像鋼筋，而膠原纖維就像石灰，水泥；第三種纖維叫彈性纖維，不多，保持皮膚的彈性。

人的膚色的多種變化的奧秘多發生在於表皮。

表皮是皮膚最外面的一層，平均厚度為0.2毫米（公釐；mm），組成表皮的細胞叫做鱗狀上皮細胞（外觀像魚鱗），根據細胞的不同發展階段和形態特點，由外向內大概可分為五層。

1、角質層：由數層角化細胞組成。

2、透明層：由2～3層核已消失的扁平透明細胞組成，含有角母蛋白。

3、顆粒層：由2～4層扁平梭形細胞組成，含有大量嗜鹼性透明角質顆粒。

4、棘細胞層：由4～8層多角形的棘細胞組成，由下向上漸趨扁平。

5、基底層：由一層排列呈柵狀的圓柱細胞組成。這些細胞不斷分裂，逐漸向上推移、

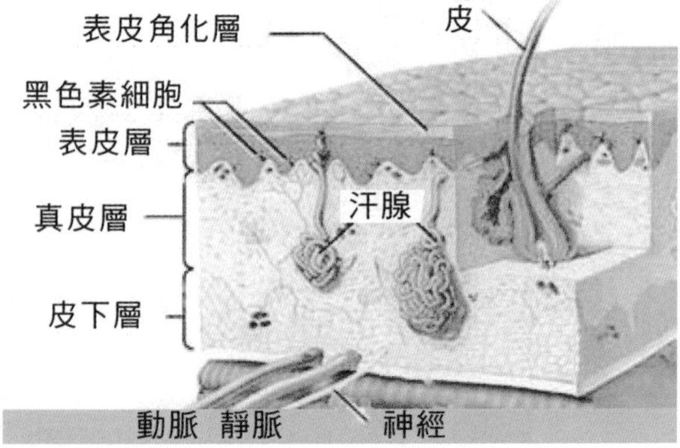

人體皮膚結構主要成分。

角化、變形，形成表皮其他各層，最後角化脫落。

皮膚的外觀如何是由表皮決定的。皮膚的顏色深淺、黑白是由什麼決定的呢？我們說表皮有七層細胞，這些細胞每五個之間插進來一個黑色素細胞，這個細胞是產生黑色素的。也正是這種細胞決定著皮膚顏色的深淺，原因就是這種細胞可以產生黑色素（色素顆粒），它就叫黑色素細胞（又稱樹枝狀細胞），佔整個基底細胞的4％～10％。黑色素細胞生產出的產品就是黑色素顆粒，這些顆粒散佈到表皮的鱗狀細胞裡。色素顆粒越多，皮膚的顏色就越黑，顆粒越少，皮膚顏色就越淺。

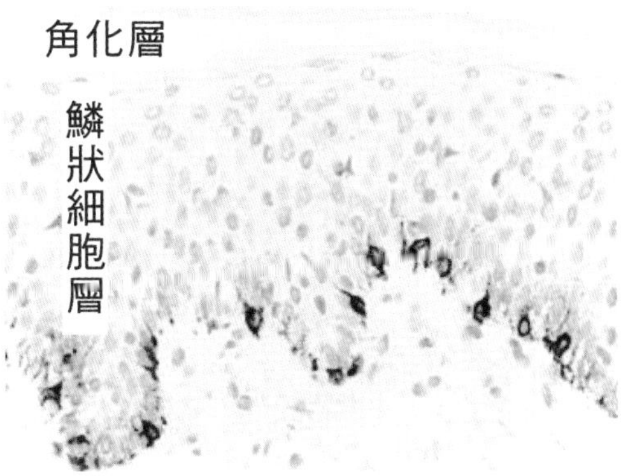

表皮基底層散佈的黑色素細胞。

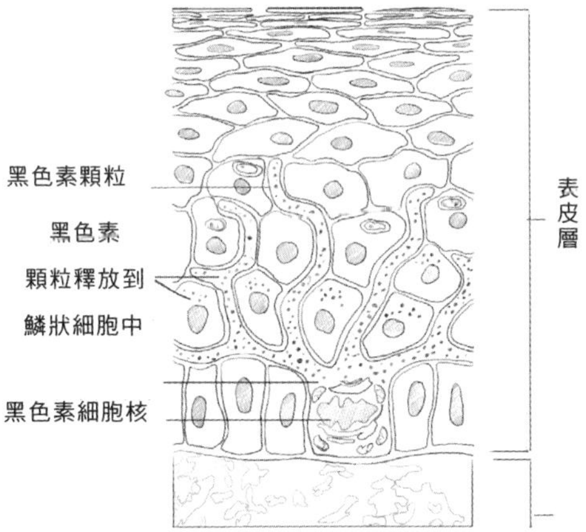

黑色素細胞產生黑色素並釋放到鱗狀細胞中。

黑色素就像染料一樣，去染它周圍的細胞。它產生的黑色素越多，皮膚的顏色就越深、越黑；它產生的黑色素越少，皮膚的顏色就越淺、越白。還記得我第一次去美國的時候，看著美國白人、黑人、黃人，各種膚色的人都有，我就想，是不是黑人的黑色素細胞多，而白人黑色素細胞少呢？抱著好奇心我看了各個人種的皮膚，發現他們的黑色素細胞數目都是一樣的，都是五個細胞之間有一個，關鍵是這個細胞產生的黑色素多少不一樣。

白與黑，取決於色素的多與少

那什麼讓這個人皮膚白，那個人皮膚黑呢？

當然遺傳是很有力的決定者，除此之外呢？可想而知，跑到非洲，站在太陽下曬曬，再白也得變黑了，那究竟是怎麼變黑的呢？莫非人也是變色龍？原來是表皮基底層中的那個「黑色素細胞」在搞鬼！

黑色素細胞是皮膚裡的一種特殊細胞，能產生黑色素，並傳遞給周圍的角質形成細胞。黑色素停留在這些角質形成細胞上發揮保護作用，防止染色體在受到光線輻射時受損。

在正常人體表皮中，一個黑色素細胞可以照顧一方，大約幾十個角質形成細胞的地盤，可以組成一個表皮的黑色素形成單位。皮膚的顏色就來自於角質形成細胞內存儲的黑色素。一般來講，存儲黑色素多的人膚色更深，也更受到保護，遠離陽光輻射。所以黑色人種，與太陽更近的地方，也是皮膚的自我保護。

如果一個皮膚白的人，曬曬也變黑，其實也不是壞事，是皮膚的自身保護機制在發揮作用。

那麼什麼決定這個細胞產生多少黑色素呢？因素很多，我說兩個主要的，大家一聽就明白。一個是太陽光，陽光裡有紫外線，紫外線一照射，對你的皮膚就是一個刺激，使你的黑色素細胞立刻產生黑色素，來保護皮下的組織不受紫外線的傷害。這是身體的自我保護機制。所以應該如何保護皮膚呢？你該知道了：不要讓陽光過強過長時間的照射皮膚，這是關鍵的了。

第二個決定黑色素產生多少的因素是：激素。人的身體裡的男性激素和女性激素的水準高低，決定黑色素產生的多少。如果你的激素水準夠，那麼黑色素產生一點就夠用了；如果你的激素水準下降了，那麼黑色素就會多產生一些來保護你了。

這樣說大家就明白了：陽光照射和年齡變老，激素水準降低，是皮膚黑色素產生增多的原因所在。那麼皮膚的光滑、平整又和什麼因素有關呢？

我們說皮膚有七層細胞，老的一層死掉，新的一層長上來，需要多長時間呢？大約兩週十四天。如果快死掉的老細胞堆積著，不去清洗乾淨，皮膚表面就會顯得沒有光澤，很粗糙。你去美容院美容，他要先給你的皮膚摩擦，就是把表皮的第一、第二層細胞去掉。老的細胞去掉，又磨平了，皮膚就有反光了，看起來就亮了。磨掉了兩層細胞，皮膚變薄了，原來表皮底下看不見的血管也能看到紅的顏色了。這時候光滑、平整，有光澤，又紅潤的皮膚顯露出來，當然就使人顯得年輕了。

但是你不要忘記，皮膚的細胞是要十四天才能長一層新的。如果你不等十四天就去磨它，老的磨掉新的長出，那人的一生皮膚更新的次數是有限的，如果你早早地就消耗完了，那麼等你五、六十歲以後，再讓它長就長不出來了。所以要想保護皮膚的表層，你應該做的是讓皮膚保持清潔，不要人為的過多磨損它，讓它保持自然的新陳代謝。加上避免紫外線過多的照射，和保持身體的激素水準。這是保護皮膚表皮的正確方法。

再讓我們看看真皮應該怎樣保養。真皮的裡面是細細的血管，血液在裡面流通。透過表皮就可以看到真皮的血管。血液循環暢通，含氧量高，皮膚的顏色就鮮紅；循環不好，含氧量低，皮膚顏色就發暗發黑。表皮的細胞十四天老的死掉，新的長出來，也是靠真皮血管中的血液供給它營養。所以，保持皮膚健康的又一個關鍵因素是保持血液循環的暢通。

再說皮膚的彈性。很多人誤以為補膠原能改善皮膚的彈性。殊不知管皮膚彈性的是彈性纖維，而不是膠原纖維，膠原補的越多，皮膚變得越硬。而彈性纖維就像橡皮筋，它的彈性越強，皮膚的彈性就越好。那麼如何保護彈性纖維呢？牽拉、扭曲、過冷、過熱都會損傷彈性纖維。保持適當的溫度，避免拉扯損傷，是保持皮膚彈性的正確方法。

關於皮膚病，錯誤也很多。我在美國時，碰到國內一個女演員。知道我是醫生，忙來請教，說身上有一塊皮膚又紅又癢，老是不好。我說你是不是每天都洗它啊？她說是啊！我說妳堅持兩個禮拜不洗澡，它就好了。知道其中的道理嗎？洗澡太勤，每天去摩擦皮膚，把表皮一層一層都磨掉了，到了真皮，也磨破了，就發炎了。這時候如果你還每天去洗，發炎的地方永遠好不了。怎麼才能好呢？等七層細胞長好了，發炎就會好了。就這麼簡單。

對於皮膚的保護，你要知道基本的知識要點，明白它的道理在哪，才不會走錯路。光靠各種化妝品、護膚品去擦去抹是沒用的，表皮從外面是吸收不了任何養分的。就像如果你一整天泡在水裡，你的皮膚也不會因此吸收任何水分。而只能靠你喝進去的水，再被血液帶到皮膚細胞中。只有保持皮膚清潔，讓它自然的新陳代謝，保持血液循環順暢，不損傷皮膚的彈性，才是保護皮膚的正確道路。

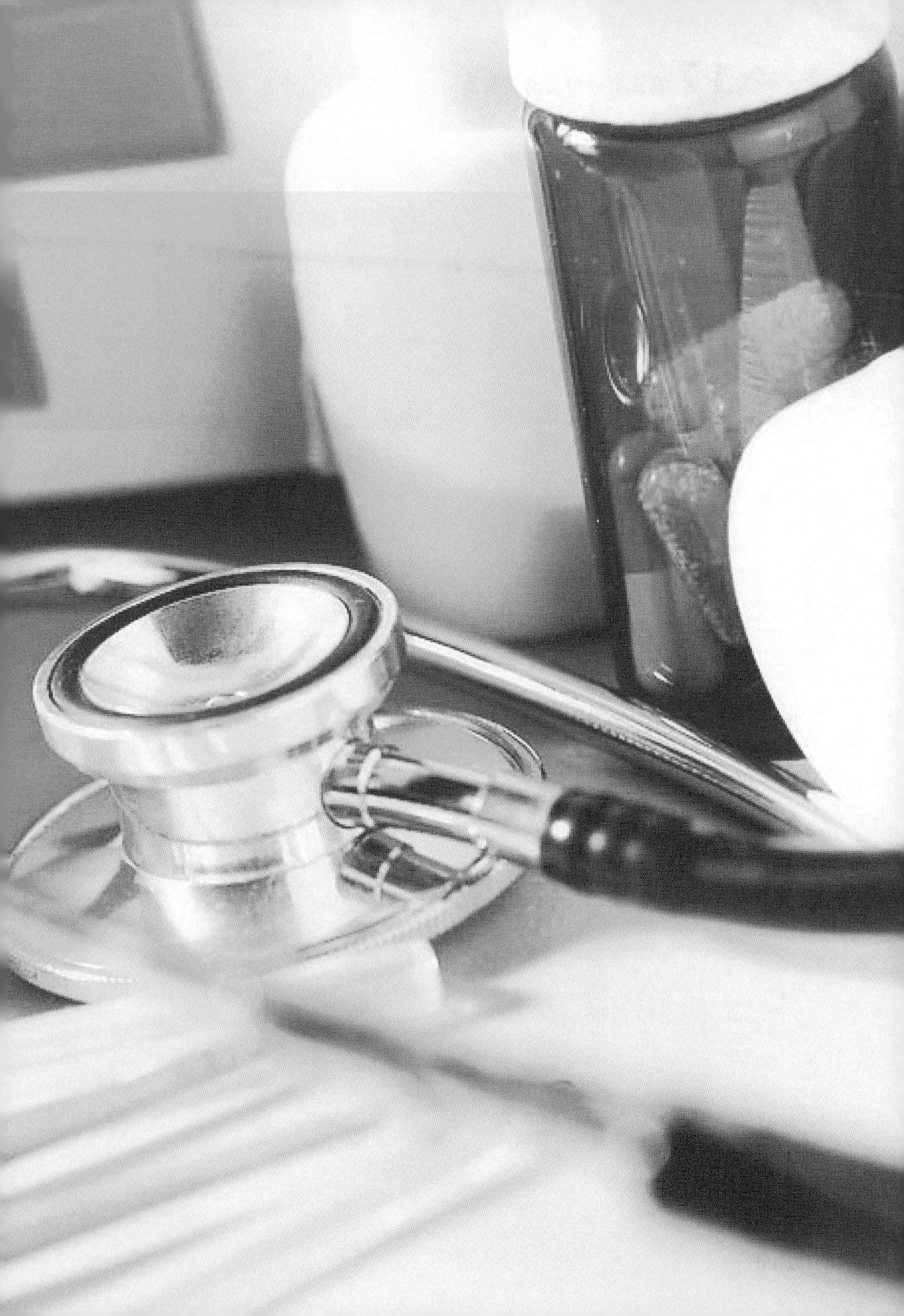

Chapter 18 頭髮的脫落與新生

人皮如同大地，毛髮如同小草。長在皮膚表面以下的叫毛囊和毛根（如同草根）。有根才有草，同理，有毛根才有毛髮。伸出皮膚表面的部分叫毛幹。

數目：人的全身約500萬個毛囊，其中十多萬個在頭部，因此人約有10多萬根頭髮。

結構：毛幹是由老化的鱗狀細胞所構成，其主要成分為角蛋白，此外還有微量元素、色素等。由外到內叫做角質層、皮質和髓質三部分。

毛幹最外層由6～10層扁平長形魚鱗片狀細胞從毛根一直重疊排列到毛梢，每個鱗片相互重疊如同屋瓦，它是毛幹的保護層，具有阻擋外界的物理、化學因素對毛幹的損傷作用。

皮質是毛髮的中間層，是毛髮最主要的部分，決定毛髮的彈性、強度和韌性。皮質是

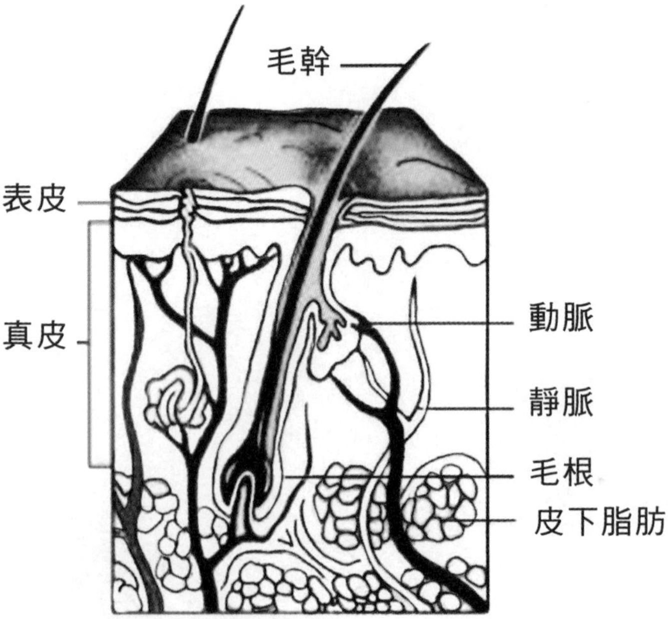

皮膚與毛髮的示意圖。

成束的角蛋白鏈沿著毛幹的長軸分佈，使得毛髮能經得起伸拉和屈曲。皮質中有細胞核的固縮體，DNA的資訊就保存在其中。皮質中含有決定毛髮顏色的黑色素。

髓質位於毛幹的中心，是毛髮的最內層，其中充滿空氣間隙。粗的毛髮多數有髓質，汗毛和新生兒的毛髮（毳毛）沒有

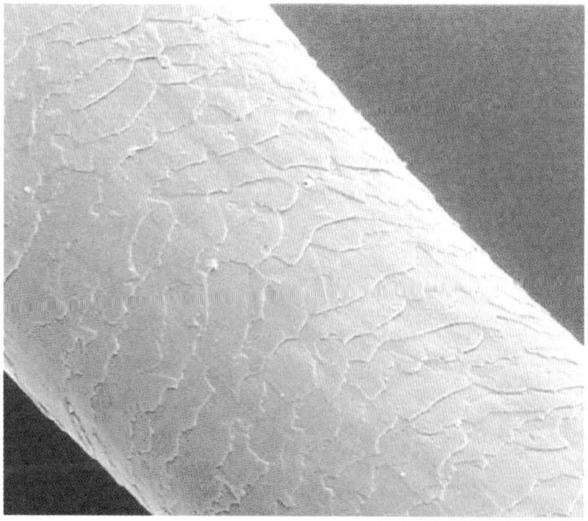
人的毛幹放大所見。

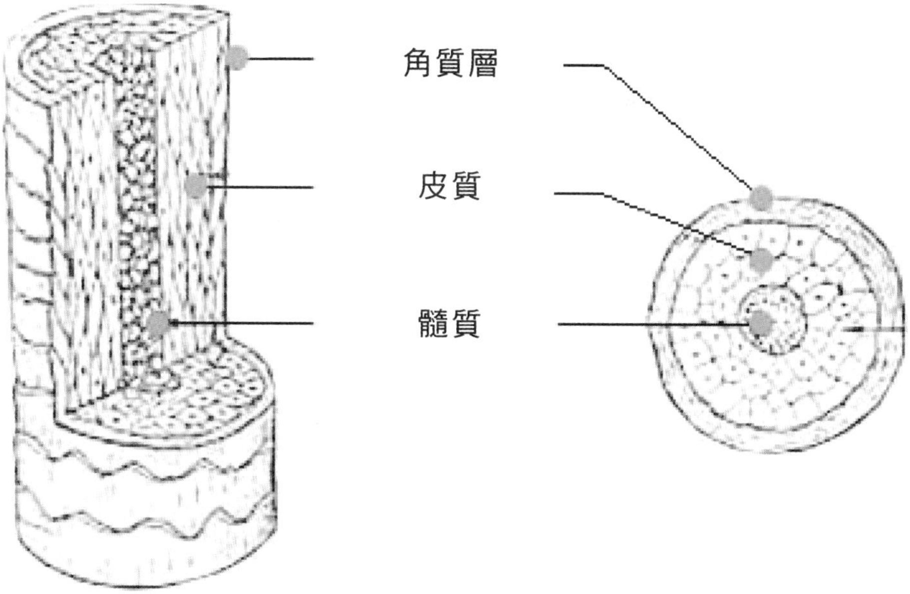

毛幹結構示意圖。

髓質。髓質較多的毛髮硬度大。

頭髮生長速度每天0.3毫米（公釐；mm），一個月可長到1釐米（公分；cm）。多數頭髮保持生長3到5年，然後休息3個月左右又再開始新的生長週期，休息時頭髮脫落，生長時又開始長出來。所以，正常情況下，總有一些頭髮到了該休息的時候，同理，也該有一些頭髮到了又開始生長的時候。

如此說來，人們遇到的幾個常見問題，就不難回答了吧。

1、掉頭髮怎麼辦？

首先要弄清楚掉頭髮的原因是什麼，針對原因去處理才有可能解決問題。如果是每天掉幾十到百根頭髮是正常的，是該休息的頭髮，屬於生理範圍，不必擔心。但若不是這些情況，脫髮遠遠大於此數，就應引起重視了。

人的頭髮就如同是一方土壤裡長的一片草，或者一片森林，每一根頭髮就像一根草或者一棵樹。地面上的部分掉了，如果草根樹根都在，它會再長，等到條件合適時它就長了。如果根都爛掉了，這棵草、這根樹就長不了了，只要根在，營養夠了，有營養，有水分，有溫度，它一定會長起來的。對待五花八門的治療掉頭髮的方法，你需要掌握的原則是：如果它有根，你適當的澆灌這個根的話，它會重新長起來的，如果連根都爛掉了，你讓它重新長，這是不可能的。

2、白頭髮怎麼辦？

頭髮的顏色年輕的時候是黑的，隨著年齡的增長慢慢的就變白了。為什麼變白、變灰，或者有的頭髮顏色深，有的褐色，有的灰色，這主要是由於頭髮的皮質中含有的黑色素的多少決定的。

頭髮本身主要是細胞老化後形成的角蛋白，是蛋白質的一種，它是透明的，是沒有顏色的，無色透明的。之所以變成黑的，就是因為有黑的色素跑到蛋白質中，把蛋白質染成黑色的，所以頭髮就黑了，色素越多，頭髮就越黑。色素慢慢的變少，就變灰，如果更少，就從灰變白。黑色素細胞產生色素多少，又是由頭髮的毛根裡面的營養代謝決定的，如果營養和代謝好的話，色素產生的正常，它還是會保持原來的正常的黑色。如果產生的色素不夠，就越來越灰，越來越白。關鍵的問題還是要黑色素細胞恢復到正常功能，它產生的色素正常了，就回到正常的顏色上。目前，黑色素細胞產生黑色素的多和少，現在我們還沒有人為的辦法能夠指揮它，說你現在產生多一點，你現在產生少一點，它什麼時候產生，產生多產生少，控制的機理我們現在還沒有弄清楚。

3、頭髮的價值

因為人的頭髮是由老化乾枯的身體細胞堆積而成，分析頭髮裡蘊藏的資訊就是分析身體的細胞裡的資訊。比如頭髮中的微量元素鋅、汞、鈷、鐵、硒、金、銀等含量，揭示人體內重金屬累積的情況。

由於頭髮的根部有大量的鱗狀細胞團，有細胞就有細胞核，有細胞核就有DNA，所以，從頭髮中就能獲得人體的全套DNA資訊。考古、偵破、健康等大量資料可以從頭髮中得到。由此可見頭髮的實用價值了。

毛髮生長在皮膚上，由皮膚中的血管對毛髮的根部供給各種營養物質，血液供應又由周圍的神經來支配，而這一切血管神經支配又與身體的整個狀態密不可分。因此，身體的整個「大環境」決定著皮膚這塊「土地」，土地再決定這生長著的草木，這樣看來，如何對待自己的毛髮，就應該是很清楚的事情了吧？

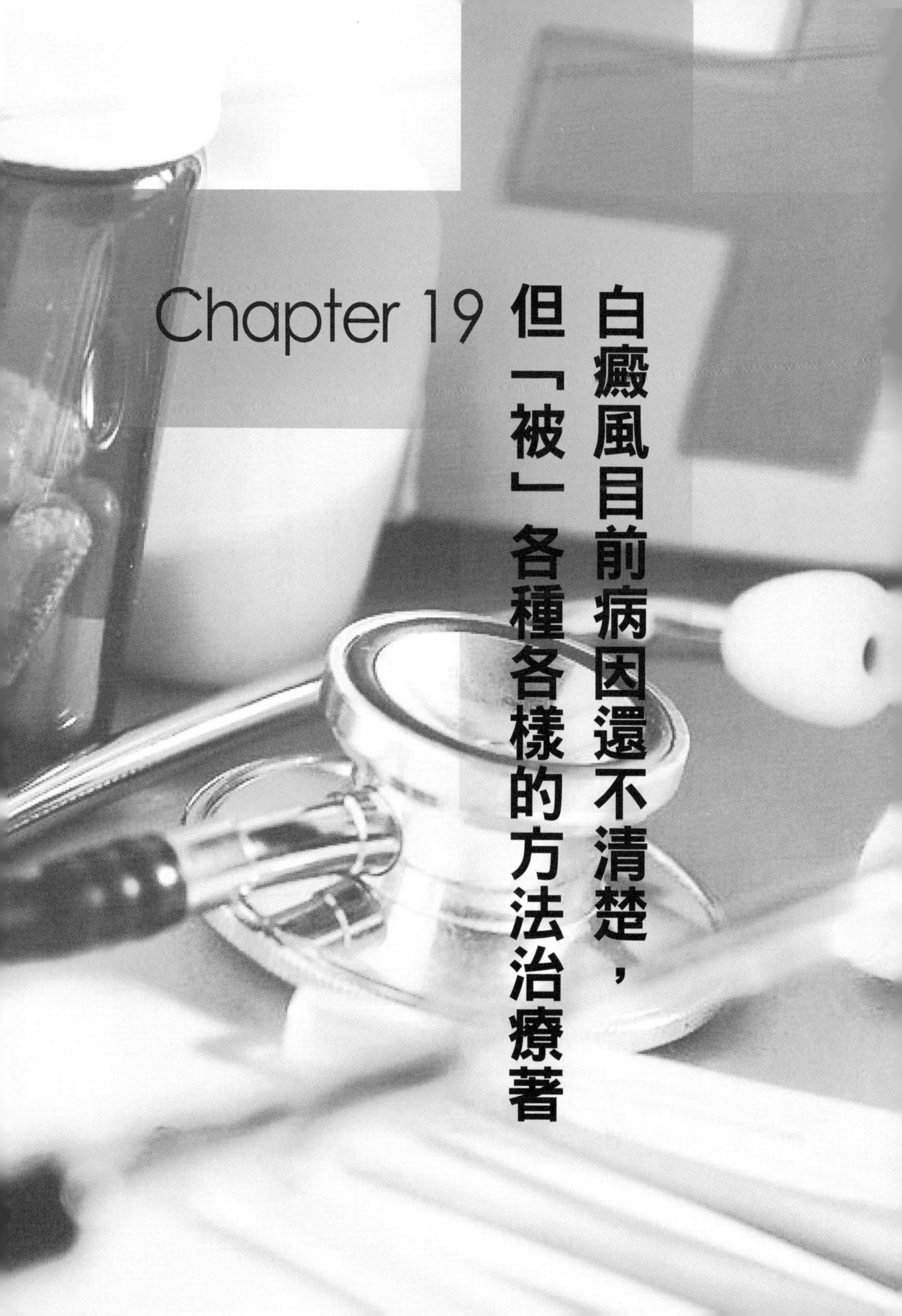

Chapter 19 白癜風目前病因還不清楚，但「被」各種各樣的方法治療著

白癜風很容易認識，就是皮膚出現侷限性白色斑片，然後逐漸擴大蔓延。白癜風病雖不痛不癢，但損人容貌，傷人精神，影響正常生活、婚姻、工作和社交，挫傷了人體健康的肌膚和心靈。

由於病因至今不明，以致於世界各國經歷多年的探索仍無濟於事，是公認的世界性難治病之一。

白癜風在自然人群中的發病率約為0.15%～2%，可隨地區、人種、膚色而異。一般膚色越深的人發病率越高，如美國不到1%，而印度則高達4%，黃種人介於白種人與黑種人之間，中國人群中患病率約在1%。男女大致相等，從初生嬰兒到老年均可發病，但以10～30歲之間居多，25%發生於8歲以前，約50%發生於青春期。

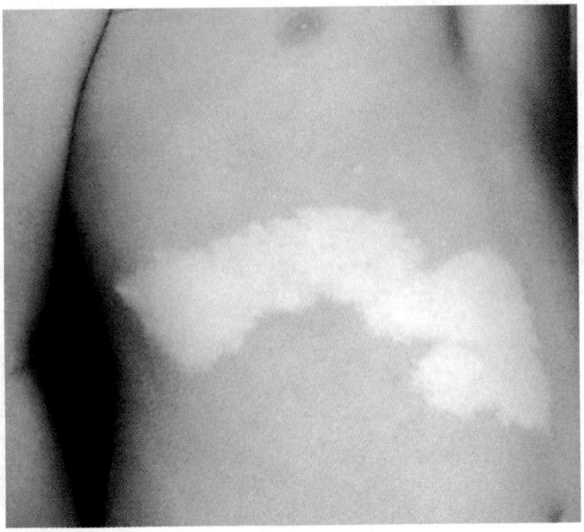
右側胸下部皮膚上白色區域

世界各國對白癜風的認識及治療經過了漫長的過程，但至今在病因病機方面仍不清楚。雖然使用過眾多的方法和藥劑，但都是在探索和驗證階段，是個典型的「瞎子摸象」。比如有內服的：複方驅蟲斑鳩菊丸、桃紅清血丸、白靈片、樸素白癜風丸等；外用的：維阿露、鹽酸氮芥酊、白癜風保健搽劑等；注射的：補骨脂注射液、驅蟲斑鳩菊注射液等；其他有：複合維生素B片、葡萄糖酸鋅片、維生素E煙酸酯膠囊等，不再一一列舉。

實踐證明所用過的治療都是見效慢、療程長、治癒率低，缺乏特效，使得病人經濟負擔加重，最終放棄。

值得提醒的事實有：

1、白癜風不會直接遺傳給下一代。

2、白癜風不會傳染給周圍人。

3、白癜風有一部分人可以不治而自癒（有些治療後消退的是否有「巧合」因素在內？）。

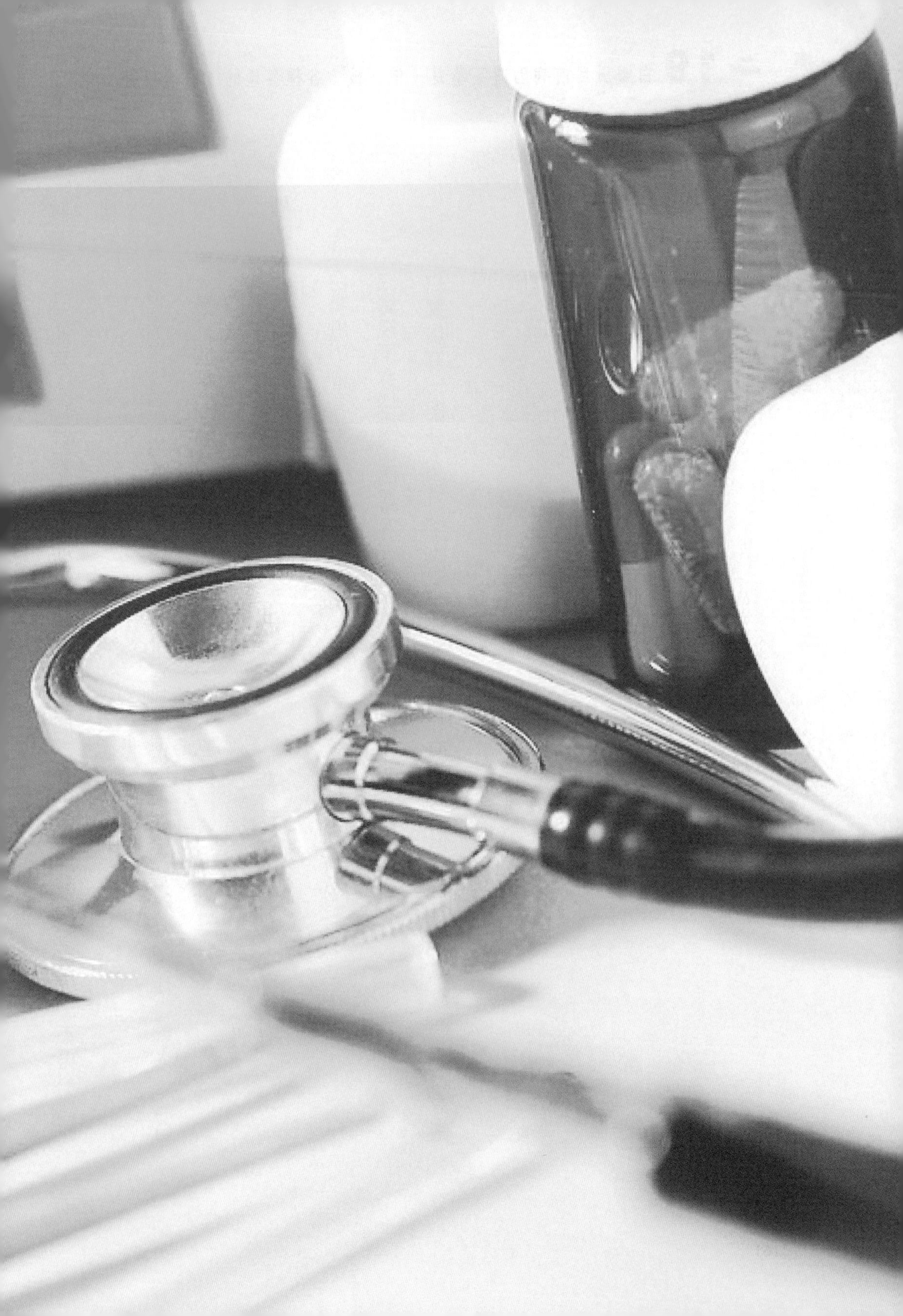

Chapter 20 黑痣人人有，緊張大可不必

2010年，突然發現來醫院裡切除「黑痣」的人一下子多了起來，一打聽才知道是由於看了個什麼電影，害怕「惡性黑色素瘤」的緣故（看來把健康常識拍成電影是個好辦法）。

我博客裡有關問題選取了幾個：

1、「真擔心呀，我鼻孔下面、嘴上面，有顆黑痣，應該小時候就有吧。突出來的，感覺也有一點大，不知有沒有事。怕怕。」

2、「好害怕啊，我老公臉上就有顆痣，3、4毫米（公釐；mm）左右吧，上面還長有黑毛，但是這些年看起來沒有什麼變化，紀老師，這種情況我們要不要處理？」

當時，我的朋友也有來問有關問題的，看來，這樣一個看起來簡單的事，也有必要多說幾句了。

痣在此

痣，就是和這個黑色素細胞有關。人體的細胞在某種原因下過渡增生，都可以產生腫瘤，黑色素細胞也不例外，良性叫痣，惡性就叫惡性黑色素瘤（簡稱惡黑）。

看到痣不要害怕，有的天生是好痣，啥事也沒有，有的是會棄良從惡，有的痣生出來就是壞的，即為惡性。切除的時候記得要取活組織做病理切片檢查，看看究竟是不是惡性。

來看看病理分類——按病理學分類黑痣有三種：

交界痣：位於表皮和真皮交界處。表面平坦或稍高，大小在1～2毫米（公釐；mm）之間，呈淡棕、棕黑或藍黑色。多見於手掌、腳底、口唇及外生殖器等部位。有癌變可能，可發生為黑色素瘤。

皮內痣：存在於真皮層內。表面光滑，界線清楚。大於1毫米（公釐；mm），呈片狀生長，平坦或稍隆起。顏色較深而均勻，呈淺褐、深褐或墨黑色。一般不發生癌變。

混合痣：為上述兩種混合而成，一般像皮內痣，因有交界痣的成分，故也能癌變。

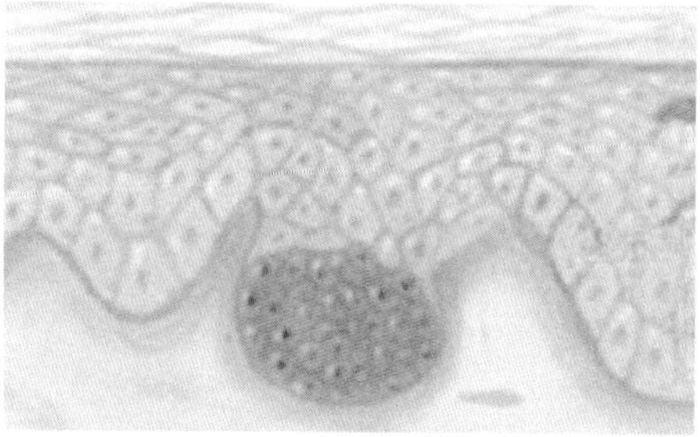

黑色素細胞聚集成團並「規律」組合在一起叫痣。

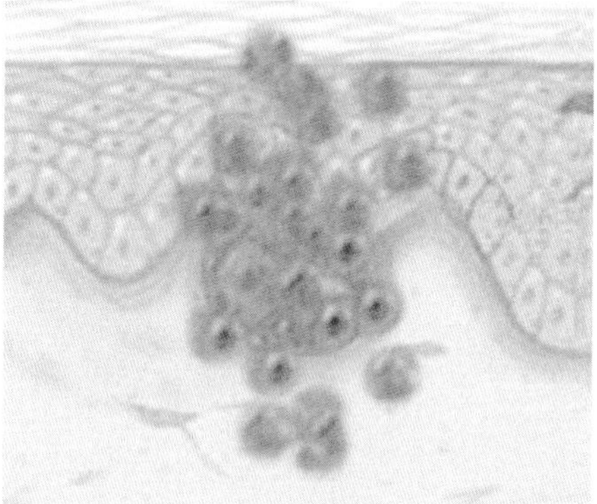

黑色素細胞生長紊亂並擴散叫惡性黑色素瘤。

痣的良惡性

1、倘若黑痣於短期內突然增大，迅速形成隆起的結節，而且顏色加深，就應提高警惕。

2、黑痣不斷向外擴展，其邊界模糊，擴展到一定程度時，形成小潰瘍，表面容易出血、滲液等症狀的。

3、黑痣附近的區域，可以摸到腫大的淋巴結。

以上情況應當立即就醫，最好是取活組織做病理切片檢查，以明確診斷。

處理好

大多數良性黑素細胞腫瘤無須治療。

普通後天性色素痣和普通藍痣，無須治療，若發生於易摩擦和受損的部位（手心、腳底等），最好採取手術切除。對於先天性巨痣，由於惡變率較高，而且惡變的一半發生於5歲以前，所以應於出生後儘早切除。對於懷疑有惡變的，應及早採取手術治療，全部切除的痣記住一定要做病理檢查，若是發現惡變了，就應擴大切除並酌情結合其他治療。

Chapter 21 瘊子與濕疣是一家子

HPV（人類乳突病毒）感染，長在皮膚叫「瘊子」，長在宮頸（子宮頸）叫「濕疣」，不治就能自癒，可是卻大量例子被過渡治療。

HPV（人類乳突病毒）的H就是human，人，P就是papilloma，乳頭狀瘤，V就是virus，病毒，三個詞的第一個字母簡稱HPV（人類乳突病毒），中文叫人類乳突病毒，說起這個病毒，對它的認識有一個過程。

記得我第一次去美國是一九八六年，那時候我已經當了十來年的病理醫生了。每天與美國的病理醫生在一起工作、交流、切磋。剛去不久的一天，跟著美國病理醫生一起在多頭顯微鏡下看一個宮頸（子宮頸）的切片，美國醫生就說你從中國來，你看看這個標本診斷什麼？我看了一看後回答說這是宮頸癌（子宮頸癌）。他們一聽笑了起來，並說不是癌。不是癌？這樣明顯的病變美國醫生竟然說不是癌，我十分不解並問為什麼不是癌？他們說你剛來不明白的，過一段時間你就知道了。

果然很快我就發現在美國醫院裡每天少則幾個，多則十幾個這樣的宮頸（子宮頸）病變，我認為夠癌了他們都說不是癌，我吃驚很大，一直在想為什麼不是癌呢？而在中國我們看到這樣的就診斷宮頸癌（子宮頸癌），病人就需依照「癌」程度去治療了。熟悉一段時間後遇到的多了才知道，在美國這種宮頸（子宮頸）病變叫HPV（人類乳突病毒）感染，就是我們剛才說的人乳頭狀瘤病毒感染了宮頸（子宮頸），導致了宮頸（子宮頸）的細胞長得很凶，就像癌細胞一樣。問題是這樣的例子在中國我做為病理醫生十來年的過程遇到過嗎？是沒有呢？還是遇到了我們都當成癌了呢？

一九八八年我回國後專門留心這樣的病變，我們在工作當中一年也能發現幾個這樣的像癌但不是癌的病例了，因為我在美國看到過這些，我就有經驗了，我說這不是癌，剛開始大家都不相信，就跟我剛去美國時一樣。於是我就用我在美國學到的知識解釋了這是病毒感染，那時候中國對這個病毒還不熟悉。

很快到了九十年代，開始每年就能遇到幾例十幾例，幾年後每年遇到幾十例上百例，再往後每年幾百例以上了。也就是說，中國在90年代後，HPV（人類乳突病毒）感染的患者每年大幅度增加著。HPV（人類乳突病毒）這個病毒感染十年左右的時間在中國走完了從罕見到常見的路程。所以現在中國的醫生，有經驗的都認識這是HPV（人類乳突病毒）感染，不是癌，而沒有經過訓練的老一輩的醫生就會把這樣的感染病變當成癌的。

HPV（人類乳突病毒）一共有百十種亞型，HPV（人類乳突病毒）這是總稱，有的感染宮頸（子宮頸），有的感染皮膚，感染皮膚我們就叫「瘊子」，感染宮頸（子宮頸）叫「濕疣」。感染不同的部位有不同的名稱。皮膚上的瘊子會「老」的，時間長了就會脫落掉了。宮頸（子宮頸）部位的感染不去檢查是看不見的，也沒有症狀，如果病毒在宮頸（子宮頸）持續不斷地感染，大約十年時間會發展成宮頸癌（子宮頸癌）。這就是現在為什麼婦女要做宮頸（子宮頸）檢查的原因，就是定期看看這個宮頸（子宮頸）有沒有HPV（人類乳突病毒）感染，如果有感染了就得治療，中斷感染，也就不會發展成宮頸癌（子宮頸癌）了。

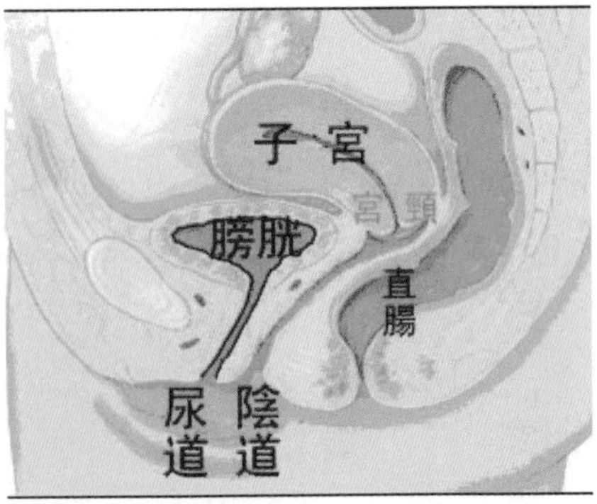

HPV（人類乳突病毒）透過性接觸主要感染外陰、陰道、宮頸（子宮頸）部位的上皮細胞。

宮頸癌（子宮頸癌）主要是HPV（人類乳突病毒）感染後慢慢發展而來。這兒需要強調幾個關鍵點：

1、首先要知道自己有沒有HPV（人類乳突病毒）感染。不能一家醫院說有就肯定，至少要兩家以上都檢查有才能定。

2、要弄清HPV（人類乳突病毒）感染多久了。基

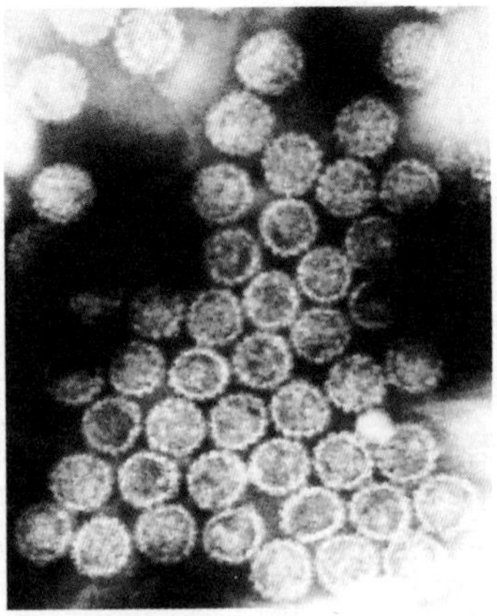
電子顯微鏡下看到的HPV（人類乳突病毒）病毒顆粒。

本的時間劃分是：1年內可以自己好的；2～5年的持續感染可以出現低級別CIN（宮頸（子宮頸）上皮內瘤變），此時治療是可以好的；5～10年的持續感染可以發展成高級別CIN，此時治療是容易的，也是可以治好的；10年以上持續感染則可以發展成宮頸癌（子宮頸癌）浸潤，這時再治療就來不及了。

由此可見，第一步要明確有無HPV（人類乳突病毒）感染。第二步要明確感染了多久。第三步要明確宮頸（子宮頸）病變到了哪一個階段。這樣，該如何對待，如何治療，結果會怎麼樣，不就一目了然了嗎？

現在，在中國婦女宮頸（子宮頸）的HPV（人類乳突病毒）感染很普遍，再加上一些過渡渲染HPV（人類乳突病毒）與宮頸癌（子宮頸癌）的關係，造成全面的對HPV（人類乳突病毒）的恐慌。其實，HPV（人類乳

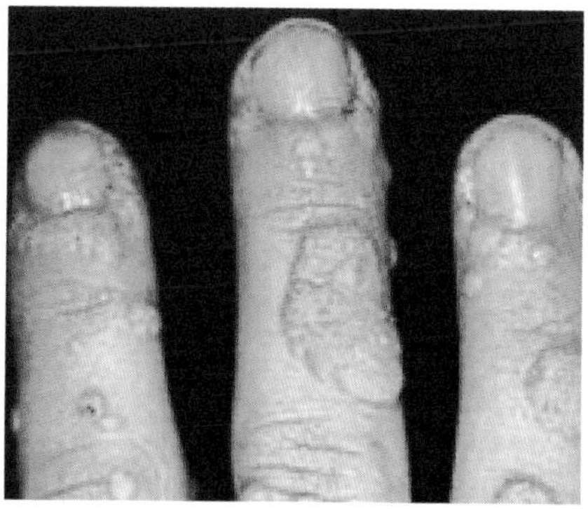

HPV（人類乳突病毒）感染在手上的叫“瘊子”。

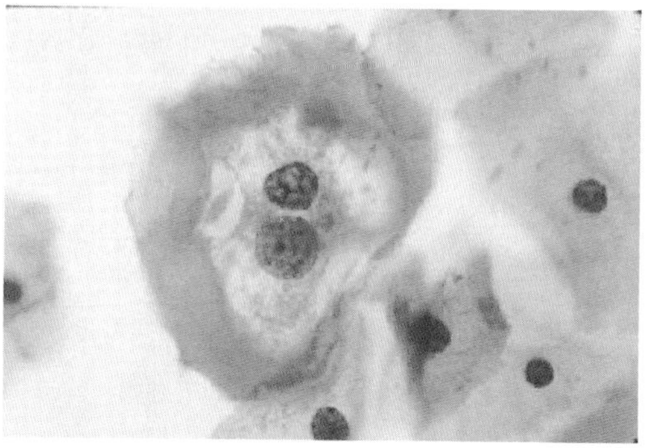

宮頸（子宮頸）上皮細胞感染了HPV（人類乳突病毒）。

突病毒）只是一個病毒。什麼叫病毒？大家最多知道的最常見的是感冒，感冒就是病毒感染。感冒病毒是空氣傳播，透過呼吸空氣，病毒到了你的鼻子、咽部感染得病的。HPV（人類乳突病毒）是接觸感染，一定要接觸在一起才能傳播，不是像感冒病毒那樣隨空氣傳播的。所以要提醒大家，尤其是女性，感染HPV（人類乳突病毒）不是那樣可怕的，它只是一種病毒，就像感冒，不治也會自行消退的。所以，對待HPV（人類乳突病毒）的關鍵是不要再繼續接觸感染，不要發生新的感染，老的感染就可以慢慢消退痊癒的。

現在國內檢測HPV（人類乳突病毒）的方法叫宮頸（子宮頸）的TCT檢查。在實際工作中發現，陽性結果太多了，其實沒有那麼多的感染。檢測方法上準不準這是一個問題。最好是找另外一家正規的檢測醫院重複一次看看真的陽性還是別的問題。千萬不要一次檢測陽性就「崩潰」了。

可以說，對於中國來說，HPV（人類乳突病毒）感染是「輸入」性的以性接觸感染為主的新的疾病病種。現在在中國對宮頸（子宮頸）的認識上，一直還較為混亂，醫生裡面認識也不統一，普通人更是不知道如何是好了。最終的理性合適的對待需要一個時間和實踐的過程。

舉例：患者女性，27歲。工作公司的身體健康檢查，婦科檢查報告有可疑，再宮頸

（子宮頸）檢查（活檢）報告為：宮頸癌（子宮頸癌）。準備住院開刀切除子宮。因為害怕手術，又覺得年輕，決定先到北京會診一下。此例病理切片會診中發現是乳頭狀瘤病毒感染（也稱HPV（人類乳突病毒）感染），不需要手術，藥物治療二週後複查，宮頸（子宮頸）已是正常。

人類乳突病毒（HPV）可以感染男性及女性的生殖系統。本病95％的病人感染與性傳播有關，但也可以透過非性接觸的間接傳播而致病的，如透過產道傳播給嬰兒。病變部位在女性多發生在大、小陰唇，前庭，陰道，宮頸（子宮頸），會陰及肛周的皮膚及黏膜；在男性多發生在肛周，龜頭尿道口附近以及冠狀溝部位。一般女性發病較多。大體上病變可分為三種類型：細顆粒型、斑塊型、乳頭或菜花型，在實際中此三型常混合存在。

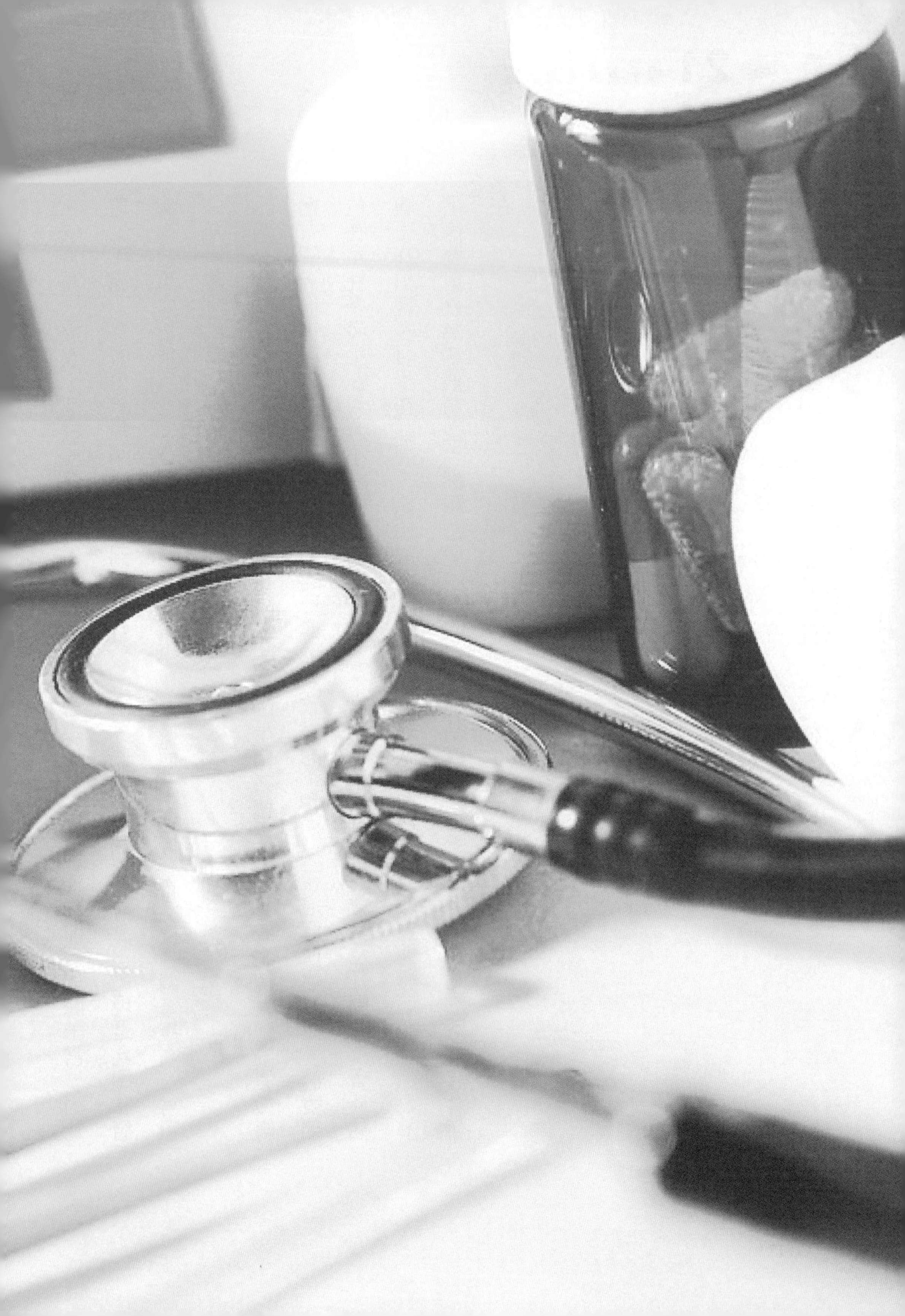

Chapter 22 宮頸（子宮頸）糜爛不是病

子宮的下端叫「宮頸（子宮頸）」，中央開口處叫「宮頸（子宮頸）管」。看上去就如同口唇那樣，宮頸（子宮頸）的顏色同皮膚（粉紅），中央的宮頸（子宮頸）管同唇紅（鮮紅）。如果鮮紅的圈擴大了，就叫做「宮頸（子宮頸）糜爛」。鮮紅圈的大小是由女性體內的女性激素水準的高低決定的。激素越高，鮮紅圈越大。也就是說，只要女性身體正常，都出現「宮頸（子宮頸）糜爛」！反之，如果正常發育女性，沒有「宮頸（子宮頸）糜爛」，倒是有毛病了。

醫學上還發現在剛出生的新生女嬰中約有1／3的宮頸（子宮頸）有「宮頸（子宮頸）糜爛」。剛出生的女嬰在子宮內哪裡有宮頸（子宮頸）傷害呢？這時的「宮頸（子宮頸）糜爛」原來是由於母體在懷孕時身體內的女性激素水準增高而影響到了嬰兒的幼小的子宮頸（子宮頸）所致。出生後離開了母體，新生女嬰的這種

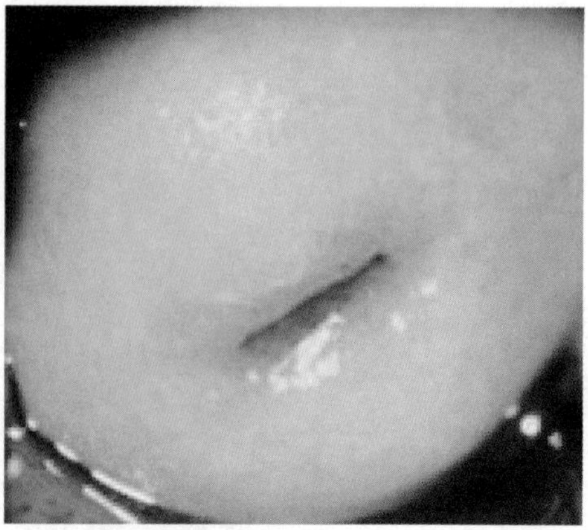

大致正常的宮頸（子宮頸）。

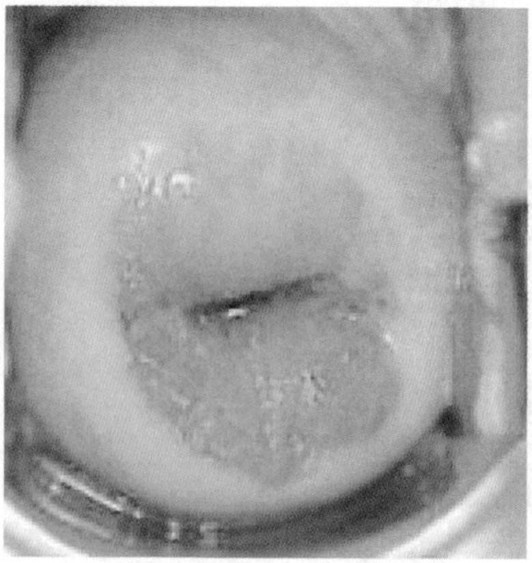

「糜爛」的宮頸（子宮頸）。

糜爛也就自行消退了。

嗚呼，可憐中國女性的子宮！

慢性宮頸（子宮頸）炎（宮頸（子宮頸）糜爛）與宮頸癌（子宮頸癌）在婦科陰道鏡檢查時觀察到的表現可以相似。行宮頸（子宮頸）刮片的細胞檢查時看到的也可以相似。最後採取組織行病理切片檢查，也是有相似之處，不是容易做出100%鑑別的。這樣看來，如果僅一次檢查（或一家醫院檢查），就肯定是癌，而行手術切除，是不慎重的，錯誤率是高的。最好是如果要手術切除，應到第二家醫院或第二個醫生核實後進行下一步治療。

1、慢性宮頸（子宮頸）炎＝正常

因為人體子宮內是「絕對」無菌的，而陰道內永遠是有菌的，宮頸（子宮頸）是有菌與無菌之間「把門」的，所以，宮頸（子宮頸）永遠都有抵抗細菌的「衛士」（保

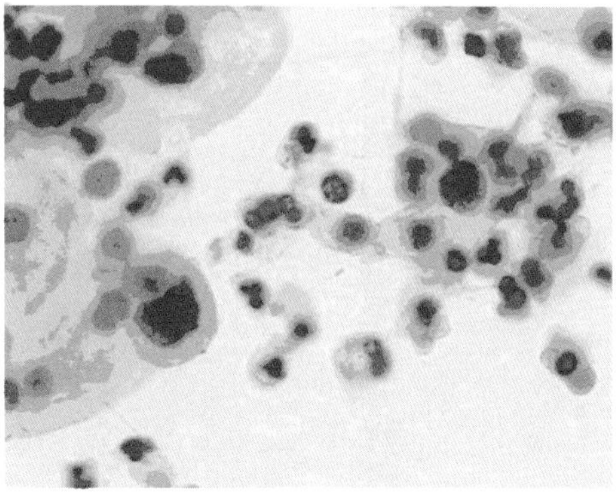

宮頸（子宮頸）炎看到的細胞。

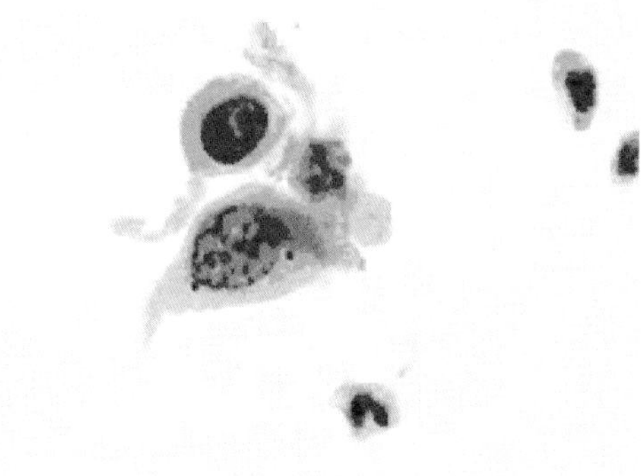

宮頸癌（子宮頸癌）看到的細胞。

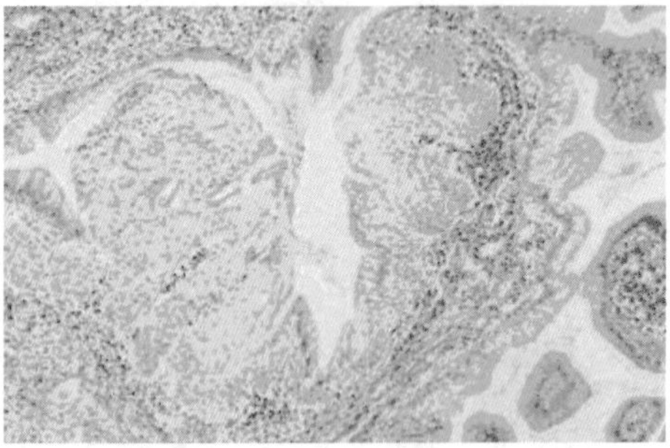

宮頸（子宮頸）炎看到的切片。

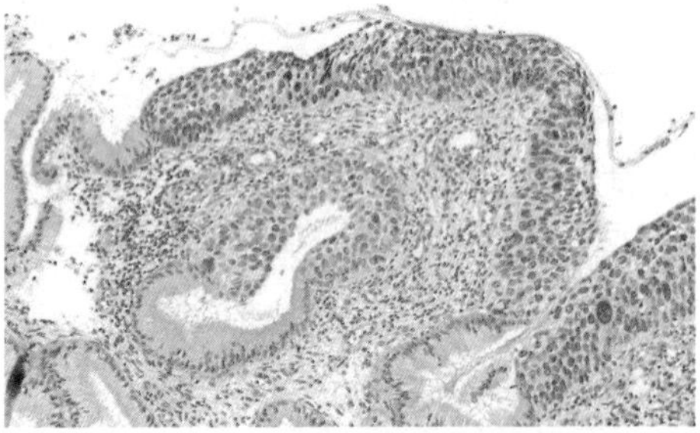

宮頸癌（子宮頸癌）時看到的切片。

衛者）」，叫「淋巴細胞」。只要是正常人，就有淋巴細胞在宮頸（子宮頸）部位「把門」。醫學上把見到淋巴細胞就叫做「慢性炎」。因此，宮頸（子宮頸）慢性炎＝正常。

2、宮頸（子宮頸）糜爛＝正常

看到我的博客留言上至少幾十條關於宮頸（子宮頸）糜爛的問題，覺得還是要解釋多一點。

問題舉例：

22 宮頸糜爛不是病

「宮頸（子宮頸）糜爛到底是個什麼病？到底該怎麼治？」

「幾個月前自己去婦科，結果被查出中度宮頸（子宮頸）糜爛，搞得接連幾天都心神不寧。看著那張電子陰道鏡檢查照出來的彩色片，宮頸口（子宮頸口）一片猩紅，還有血，真是太嚇人了。為了免受公立大醫院的等待之苦，決定選擇去一家私營女子醫院進行治療。」

「醫生說，宮頸（子宮頸）糜爛是一定要進行治療的，因為宮頸（子宮頸）糜爛意味著宮頸（子宮頸）炎症的存在，長期炎症刺激會帶來很多危害，可能引起不孕，更嚴重的是可能誘發宮頸癌（子宮頸癌）。」

「醫生說，宮頸（子宮頸）糜爛在自身修復的過程中，有可能增加上皮異型增生的機會，因此宮頸癌（子宮頸癌）與宮頸（子宮頸）糜爛有著密切的關係，宮頸（子宮頸）糜爛可以說是宮頸癌（子宮頸癌）發生的一種內在基礎。」

「據說有宮頸（子宮頸）糜爛的人得宮頸癌（子宮頸癌）的機率比沒有宮頸（子宮頸）糜爛的人要高得多。」

看來，宮頸（了宮頸）糜爛可以不重視，可怕的還是那個詞：「宮頸癌（子宮頸癌）」。

做為病理科醫生，我每天的工作就是檢查婦科醫生從患者身上取下來的病患標本。在30多年的工作過程中發現，在上世紀九十年代以前，每週只會遇到五、六個、七、八個手術切下來的子宮標本，一般不超過十個；而近10年來，切下來的子宮一年比一年多，一週能有幾十個。「難道中國婦女就這十幾年來子宮疾病增加的這麼多了嗎？難道這些子宮就該切除嗎？回答是『NO』。因素固然多種，其中主要的一個是誇大了『宮頸（子宮頸）糜爛』！」

「宮頸（子宮頸）糜爛」這個醫學名詞大概已經有100多年歷史，最早是因為觀察到宮頸（子宮頸）發紅，像皮膚濕疹、糜爛一樣，於是就這麼稱呼起來，然後便沿用下來。其實這並不是真正的糜爛，而是宮頸口（子宮頸口）外部的鱗狀上皮和宮頸（子宮頸）內側的柱狀上皮的交界處在激素影響下發生的位移，由於柱狀上皮較薄，因此當柱狀上皮顯露較多的時候就會露出下層血管，顏色發紅。只是一個正常的生理現象，正常有月經的女性都會有。

醫學上甚至還發現在剛出生的小女嬰當中也大約有1／3會出現「宮頸（子宮頸）糜爛」。剛出生的女嬰哪裡會有宮頸（子宮頸）損傷呢？這其實就是母親在懷孕時體內激素水準增高而影響到了女嬰的子宮頸（子宮頸）！出生離開了母體以後，新生女嬰的這種

「糜爛」也就自行消退了。而絕經以後的女性也不存在宮頸（子宮頸）糜爛。這充分說明了所謂宮頸（子宮頸）糜爛是由激素引起的。

由於宮頸（子宮頸）糜爛不是病，而是正常生理現象，所以對宮頸（子宮頸）糜爛的治療，尤其是手術切除的治療就有過渡醫療之嫌。

30多年來，對宮頸（子宮頸）糜爛的治療可以以改革開放為界，改革開放以前，婦產科醫生就把它當生理現象，不做處理的，因為以前的醫學教育都知道這個是由於女性激素的變化而變化，而從90年代開始對宮頸（子宮頸）糜爛的手術治療越來越多。

這是基於兩個基本事實，第一就是醫院的盈利性問題。由於判斷醫院的規模、強弱都要按照醫院的收入，就像中國GDP一樣，這就使得大量能收費的治療方案都盡量被使用了。

2008年，中國的最新的第七版五年制醫學本科教科書《婦產科學》出版，在宮頸（子宮頸）炎症一章中第一次採用了新的概念，取消「宮頸（子宮頸）糜爛」病名，以「宮頸（子宮頸）柱狀上皮異位」（columnarectopy）生理現象取而代之；取消宮頸（子宮頸）炎的急性、慢性之分，也不再將宮頸（子宮頸）糜爛、宮頸（子宮頸）肥大、宮頸（子宮頸）息肉等現象都歸納為慢性宮頸（子宮頸）炎的病理類型。

由於與以往教科書，包括2005年出版的第六版五年制醫學本科教科書《婦產科學》都內容迥異，這樣的變更使很多婦科醫生感到不知所措。

這都是中國「錯誤百出」的教科書惹的禍。實際上歐美國家的婦產科教科書早在十幾年前已經廢棄「宮頸（子宮頸）糜爛」這一術語，改稱為「宮頸（子宮頸）柱狀上皮異位」，認為它不是病理改變，而屬於宮頸（子宮頸）生理變化。但中國的教科書卻一直沿用舊的概念，更有甚者，雖然有學者在幾年前就曾明確提出宮頸（子宮頸）糜爛不是一個恰當的臨床診斷術語，但當時有人認為這個詞已經臨床上應用了那麼多年，並且一直做為慢性宮頸（子宮頸）炎來處理，結果便沒有對教科書進行修改，還是繼續按照舊的觀念繼續教學。

因此，宮頸（子宮頸）糜爛只是一個檢查所見的描述，而不是一個臨床診斷，醫生所要做的是根據這個症狀來判斷它究竟是與宮頸（子宮頸）病變有關，還是只是由於激素變化導致的。對於後者，醫生會透過詢問月經週期來判斷，完全不需治療；而如果是前者，則需要做宮頸（子宮頸）細胞學檢查，檢查是否有炎症、癌前病變等等，若發現問題，再做組織學診斷，確認問題的嚴重程度。

如果不只是炎症，而是出現了癌前病變的話，也不用著急，因為宮頸（子宮頸）糜爛在癌變之前一般要經過10年的過程，在早期有大約60％的人可以自癒，因此只需每年進行宮頸癌（子宮頸癌）篩查，而後期則可以透過宮頸（子宮頸）錐形切除來阻斷癌細胞的擴散。

陰道黏液是把守子宮的「衛士（保衛者）」

宮頸（子宮頸）有一個開口，是宮頸口（子宮頸口），宮頸口（子宮頸口）跟它緊連著的是一個管子，這一段2公分左右叫宮頸管（子宮頸管），跟外面連著的是陰道。子宮裡面絕對是無菌的，跟外面是不通的，而宮頸（子宮頸）外面的口這兒跟外界是通著的，就像嘴巴一樣，嘴巴、鼻腔、宮頸（子宮頸），實際是跟外界相通的。

大家想，感冒的時候最容易出問題的是喉嚨、咽部，就是鼻子和咽部這一塊流水、疼、不舒服，為什麼？外界任何有害物質要到你的身體裡面去，都得透過這裡，它是一個把門的，是一個門衛，是一個警衛，保持你的內臟器官都是要絕對的無菌、絕對的安全。鼻子、咽部、喉部、嘴巴，這是有把門的。而陰道是跟外界通的，子宮裡面是必須維持絕對無菌，可是誰來把門呢？宮頸口（子宮頸口），就是口這裡要把住，這可是關鍵的地方，把不住的話這裡面的問題就都來了。所以多少萬年進化過程中，宮頸口（子宮頸口）已經進化的相當精密無比，機器想做做不出來的。

給大家簡單的舉一個例子，不像門堵住，堵住了不行，堵住了精子要進去怎麼進，所以堵是堵不住的，用什麼方法就能夠絕對把住這個門呢？用了一個簡單的方法，宮頸（子宮頸）裡面不斷的產生一些液體，水一樣的黏液，這個黏液只能往外走，不能逆行。就是這麼一個簡單的道理，使得跟外界相通的宮頸（子宮頸）、陰道，和子宮裡面的絕對安全就把住了。大家看人體設計的和進化的多麼精妙，外界任何的有害物質，只能到了宮頸（子宮頸）外口，無法進到在陰道裡面。這就是人體的奧妙。

我們把宮頸口（子宮頸口）放大來看，這是宮頸（子宮頸）的外口，這是管的開口，這個地方又給你一個奧妙的東西。剛才說了，這裡面會產生液體，液體會往外流出來。這個液體在宮頸（子宮頸）這個地方有兩種細胞，外面這個地方的細胞是不產生黏液的，而裡面的這一層細胞會產生黏液的。打個比方，就相當於每個人的嘴唇一樣，看到皮膚一樣的顏色是不產生黏液的，而看到顏色發紅的像口唇一樣的是產生黏液的，有這麼一個區別。

宮頸（子宮頸）「糜爛」是女性成熟標準

大家想，小孩子的時候沒有性接觸，這時候會產生那麼多黏液嗎？不需要，產生很少，有一點點黏液就可以把這個口堵住了。等到你衰老了以後，都已經絕經，已衰老了，也沒有性接觸了，這個黏液也少了。只是生育期的時候，越是年輕的婦女越是需要產生多的黏液。打個比方，假如這是宮頸（子宮頸），這裡面有一個宮頸口（子宮頸口），宮頸口（子宮頸口）範圍，越年輕紅顏色的範圍越大，因為要產生更多的黏液，越衰老或者越小的孩子，這個範圍越小，這是正常女性正常的表現。

這時候又出來一個醫學上的誤解，最初醫生看宮頸（子宮頸）的時候看到宮頸口（子宮頸口）全是紅紅的，就像口唇的紅顏色，又有液體，又有水，又不光滑，都是小點點狀的，最初醫學上就用了一個詞叫「糜爛」。這個詞一用嚇人了，大家都以為這個地方有毛病，糜爛了，實際上這個詞用錯了，是因為當初不認識它。

為什麼是紅紅的呢？為什麼不是跟皮膚一樣的顏色呢？研究以後才發現，女性卵巢裡面產生的雌激素越高，紅的範圍越大，雌激素越低，紅的範圍越小。還發現一個很有趣的現象，剛從母親的子宮裡生下來的嬰兒，我們說一個禮拜之內，如果突然有個機會能看到嬰兒的宮頸（子宮頸）的話，全是紅的，全是「糜爛」的。七天以後「糜爛」的越來越小，到了兒童幾乎看不到紅的。為什麼七天之內嬰兒的宮頸（子宮頸）是紅的呢？因為胎兒在子宮裡時，母親的身體裡面激素水準是最高的，所以使得嬰兒在胎兒的時候宮頸（子宮頸）全是所謂的「糜爛」狀。生下來以後母親體內的激素，在小孩的體內越來越少，宮頸（子宮頸）也就不那麼紅了。所以這時候醫學上一個錯誤的術語「糜爛」把大家都嚇到了。

在二、三十年前沒人關心這個事，為什麼？那時候看起來宮頸（子宮頸）糜爛就糜爛了，也不會想到有什麼問題，都不管它的。可是現在由於前面提到的HPV（人類乳突病毒）感染出現以後，宮頸（子宮頸）出現HPV（人類乳突病毒）感染的時候也會表現出紅顏色的，這時候就把HPV（人類乳突病毒）感染和生理的糜爛混為一談了，你沒有去檢查怎麼知道這是病毒引起的還是生理性的正常表現呢？很多人不明白這個道理，一看糜爛就嚇唬病人，你這個宮頸（子宮頸）糜爛了，而且還根據紅的佔宮頸（子宮頸）的比例分一度、二度、三度。他說妳三度糜爛，妳也不懂，醫生就說這個要趕快治療，還要切子宮，還要做電切，還要做鐳射，什麼都上去了，花了一大堆錢。

如果妳不是HPV（人類乳突病毒）感染，就是三度「糜爛」，正說明妳體內的女性特徵是這麼充分，一朵鮮花在盛開著，妳說妳去切掉了虧不虧。所以說到宮頸（子宮頸）一定要想到妳這是正常的女性的標記，是成熟女性的宮頸（子宮頸）還是真正有HPV（人類乳突病毒）感染的宮頸（子宮頸）？不要有錯誤認識。

我遇到過這樣的病人，她去婦科檢查，醫生說她是宮頸（子宮頸）三度糜爛、重度糜爛，說要趕快治療。我就問她，妳有男朋友嗎？她說沒有，我問妳有過性生活嗎？她說沒有。就是一個鮮花盛開的小女孩，沒有性接觸哪來的HPV（人類乳突病毒）？這種糜爛是女性成熟的標記，妳還去做什麼治療。

所以大家看，宮頸（子宮頸）的認識現在在中國是如此的混亂，當然我們不可能透過一堂課就能徹底的解決這個問題，只是我想提醒大家，在宮頸（子宮頸）的認識上一定要動腦子，不要醫生說什麼或者別人說什麼就聽什麼，在我的博客上也有人問這個問題的，有的甚至問，我的白帶好好的但是檢查說我的宮頸（子宮頸）怎麼怎麼了。

我說，多簡單，我們說了宮頸（子宮頸）裡面靠什麼維持子宮裡面絕對的無菌？靠黏液，就是宮頸管（子宮頸管）產生的黏液，如果你有感染了，你的白帶（就是陰道裡面的分泌物）也會知道的，如果是輕量的，是一種黏的狀態，沒有任何的顏色改變、氣味的改變，你哪來的感染呢？感染是疾病了，會有所表現，分泌物就會變了，多簡單的情況。可是在博客上、網路上還是有那麼多人不明白，一聽說宮頸（子宮頸）糜爛，總是放在心裡整日不得安寧，擔心這個情況。所以今天我才下工夫解釋一下什麼叫宮頸（子宮頸）糜爛。

宮頸（子宮頸）糜爛完全可以自己消失

當然宮頸（子宮頸）的毛病也不少，宮頸（子宮頸）也容易發炎，就像你的喉嚨、咽部一樣，跟外界接觸。如果發炎，最簡單的判斷方法，陰道的分泌物白帶是會改變的，正常的情況下是輕量的沒有氣味的，這個自己都可以觀察得到的。

如果真有HPV（人類乳突病毒）感染，人群當中是有這樣的，由於性的接觸或者一些特別的管道，使得HPV（人類乳突病毒）感染了。感染以後大家不要著慌，HPV（人類乳突病毒）我們說了是人乳頭狀瘤病毒，長在手上就叫瘊子，長在宮頸（子宮頸）就叫糜爛。長在手上的瘊子怎麼好的？自己好的。HPV（人類乳突病毒）感染，就像感冒病毒，你只要不去再感染，自己就可以消失了，可以自己痊癒的。所以病毒感染不可怕，只要不繼續感染，就可以終止，就可以自己好。最多是過上半年或一年再去檢查一下這個感染還在不在，我們說這個感染跟宮頸（子宮頸）的關係要十年左右才會導致宮頸（子宮頸）的癌變，不是100個感染的都會癌變，變成癌的還是少數的。

22 宮頸糜爛不是病

我們說到宮頸（子宮頸），特別強調HPV（人類乳突病毒）是怎麼回事，宮頸（子宮頸）糜爛是怎麼回事，致於宮頸癌（子宮頸癌）也是，宮頸癌（子宮頸癌）長起來也得五到十年，不是一天、一月、兩月就能長出宮頸癌（子宮頸癌）的。所以對宮頸癌（子宮頸癌）的檢查，只要刮一個片看細胞是跟癌很遠，還是不太遠，還是很近了，這樣即使有癌發現了，也還是很早期的，早期的宮頸癌（子宮頸癌）都是可以治癒的，不用太擔心的。

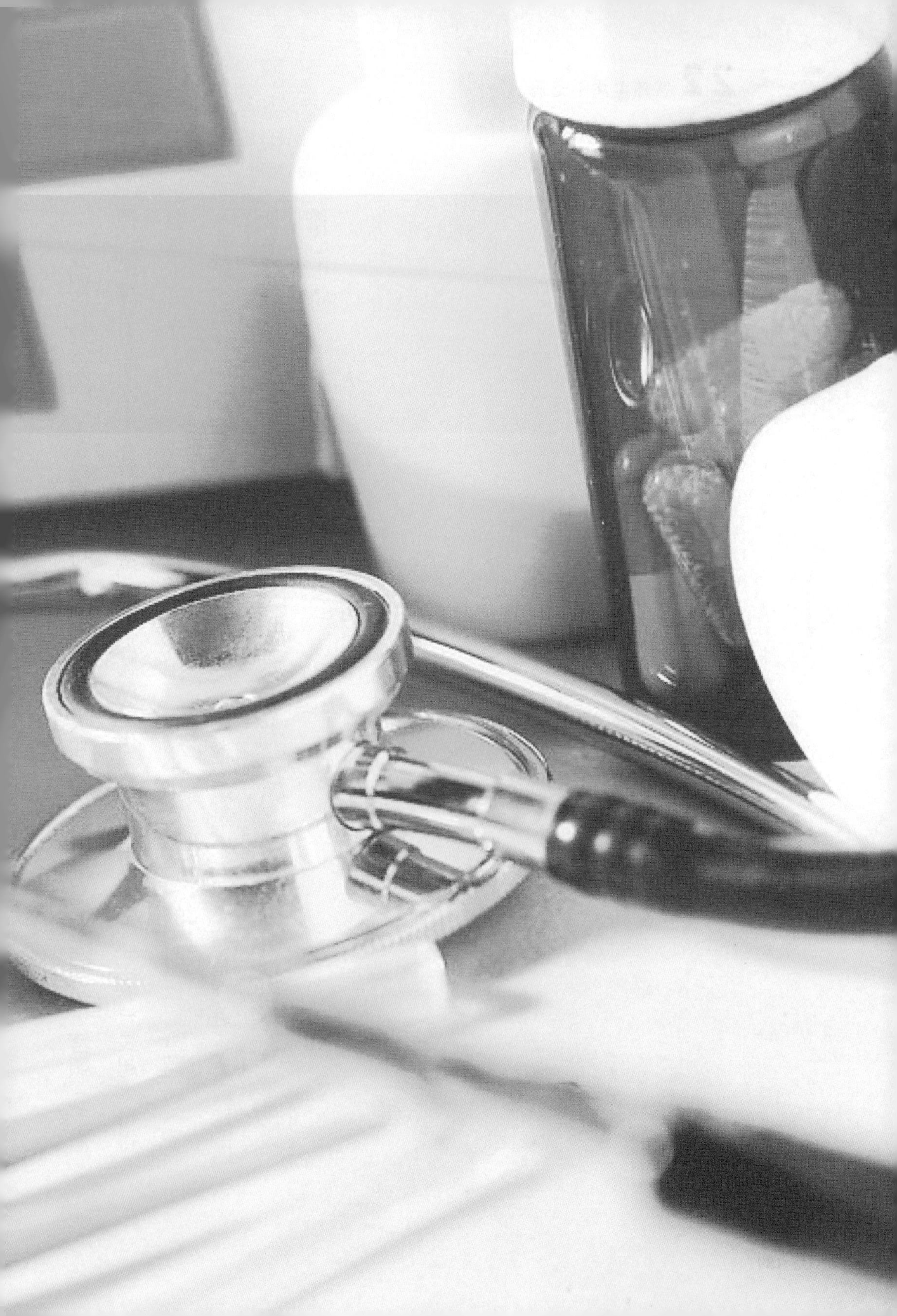

Chapter 23

宮頸（子宮頸）息肉就如同鼻息肉，無關大局

當醫生三十多年了，我真切地感覺到現在很多疾病在診斷和治療上，已經發生了明顯的變化。雖然變化是必然的，其中多數變化是有益於人們就醫的，但是，也有一些是讓人擔心和不安的，確切地說是發生了很多疾病過渡診斷和過渡治療的例子。就婦女常見病範疇來說，宮頸（子宮頸）息肉就是其中之一。

宮頸（子宮頸）息肉（cervicalpolyp）是指慢性炎症長期刺激使宮頸管（子宮頸管）局部黏膜增生。出現一個或多個大小不等，直徑約1cm左右，色紅、舌形、質軟而脆，易出血，蒂細長的突出物。多附著於宮頸（子宮頸）外口，少數在宮頸（子宮頸）管壁。顯微鏡下見息肉中心為結締組織伴有充血、水腫及炎性細胞浸潤，表面覆蓋一層高柱狀上皮。本質上是炎症。

這樣看來，宮頸（子宮頸）息肉就好理解了，它就是多出來的一塊「肉」，往往都是慢性宮頸（子宮頸）炎引起的增生。鼻息肉相信大家應該聽說過的，什麼時候聽說鼻息肉會發展成癌了？宮頸（子宮頸）息肉比鼻息肉簡單多了，沒那麼多內涵及敏感，也沒有鼻息肉那麼難受的症狀。由於宮頸（子宮頸）外口又有大量的病毒、細菌、黴菌等等的病原體，所以容易發炎。

宮頸（子宮頸）息肉很簡單，把它除掉就沒事了。與癌沒有任何關係。

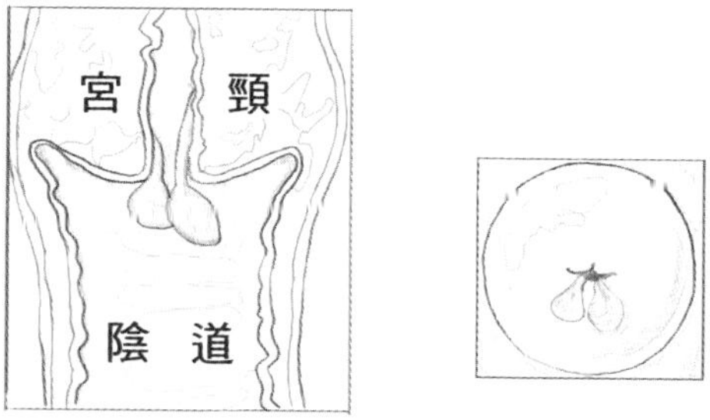

宮頸口（子宮頸口）垂下的2枚息肉（左：縱觀）、（右：迎面觀）。

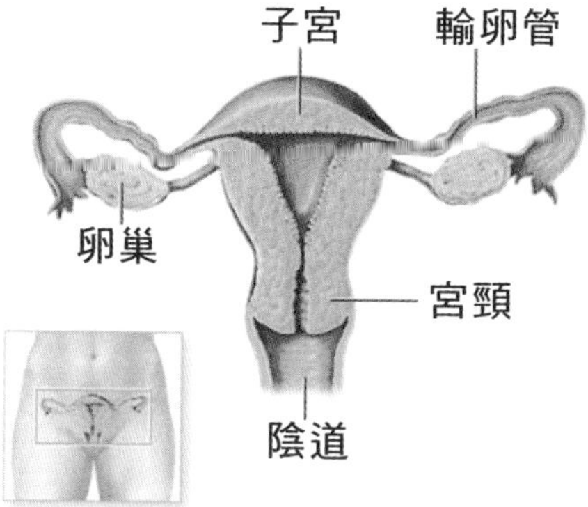

宮頸（子宮頸）位置示意圖。

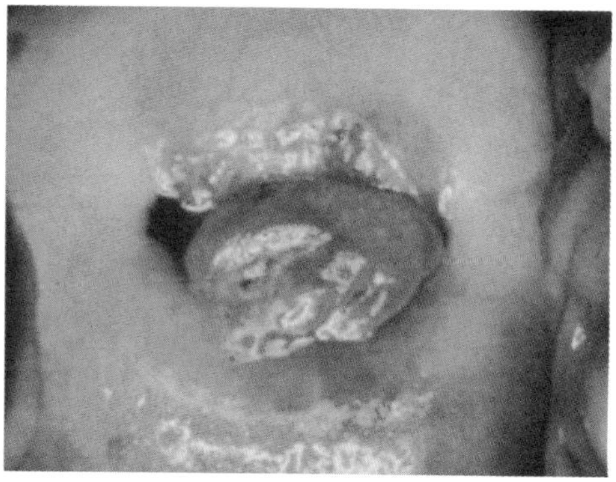

宮頸口（子宮頸口）突出的息肉。

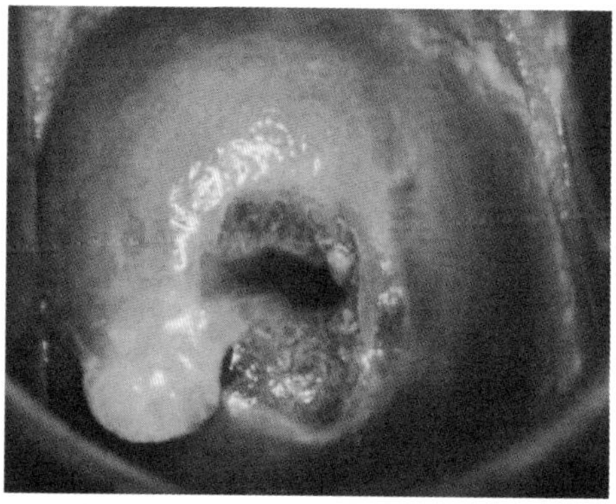

正常宮頸（子宮頸）開口及流出的分泌物（黏液）。

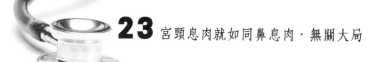

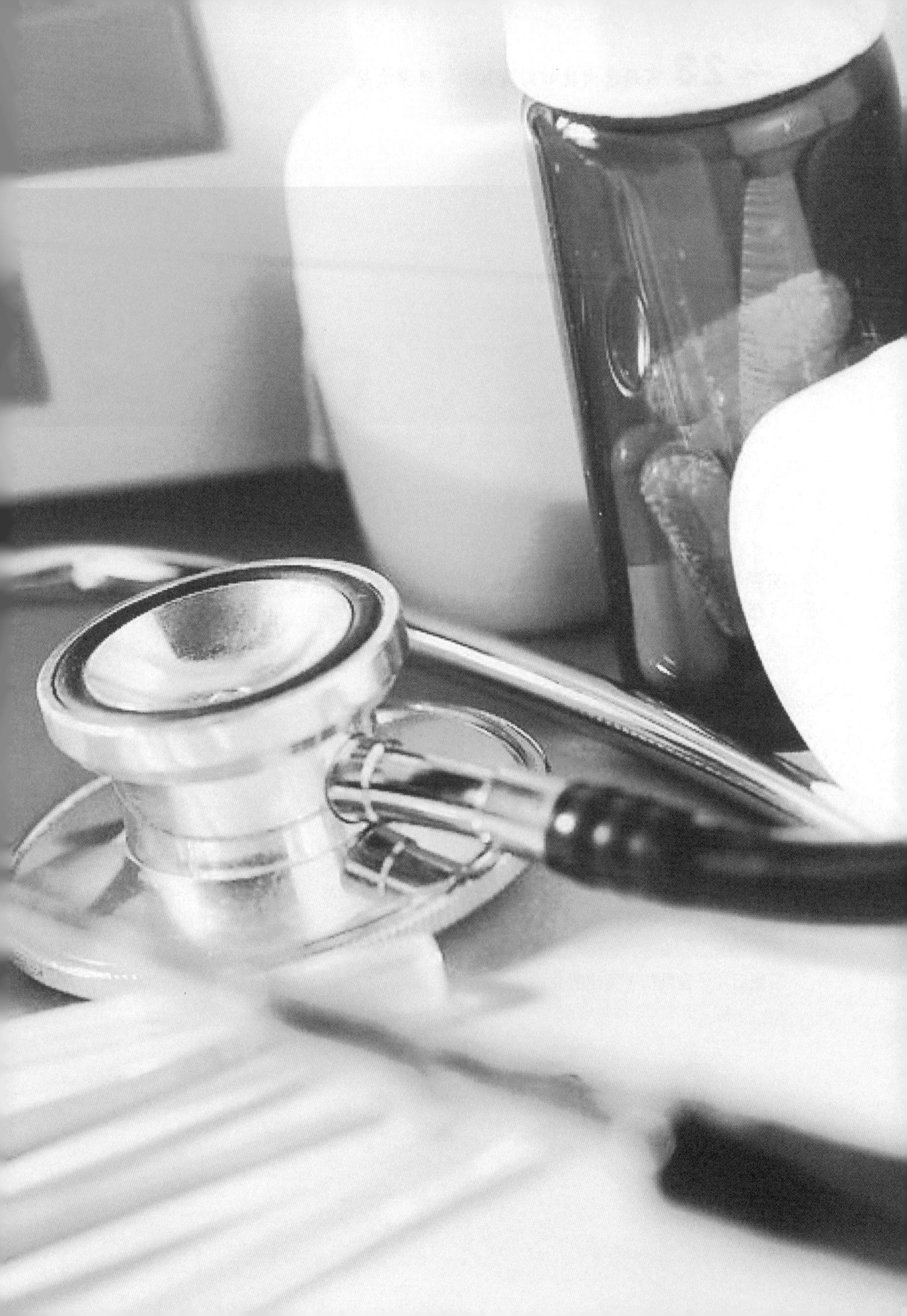

Chapter 24

子宮肌瘤為良性腫瘤，隨診觀察是可行的

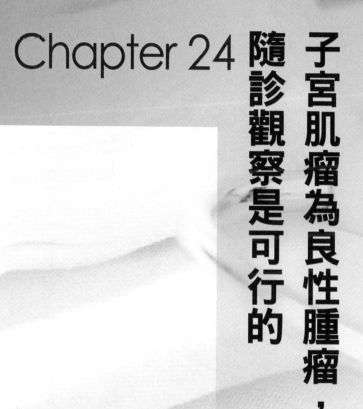

人類的本能與天職就是要完成繁衍後代的重任。雖然這樣的有關人類生死存亡的大事得靠男女兩方親密無間的默契下共同實現，但執行主要任務的是女性生殖器官，由子宮（包括宮頸（子宮頸））、輸卵管、卵巢三個主要部件有機配合來實現。

胎兒的宮殿——子宮

不管是兒子，還是女兒，都給予最溫暖的宮殿，這是母親最真實的愛。

座落部位：小肚子（最下腹）裡面，膀胱後面，直腸前面。這麼說可能每一個女士都會自己比劃一下，看看自己的子宮在什麼地方：肚臍和尾椎骨連一條直線，在那個垂線的中間肚皮裡面就是「宮殿」正常的位置。

子宮大小就跟妳的拳頭差不多，但這是指沒有病的時候。隨著老年人的萎縮，停經以後它

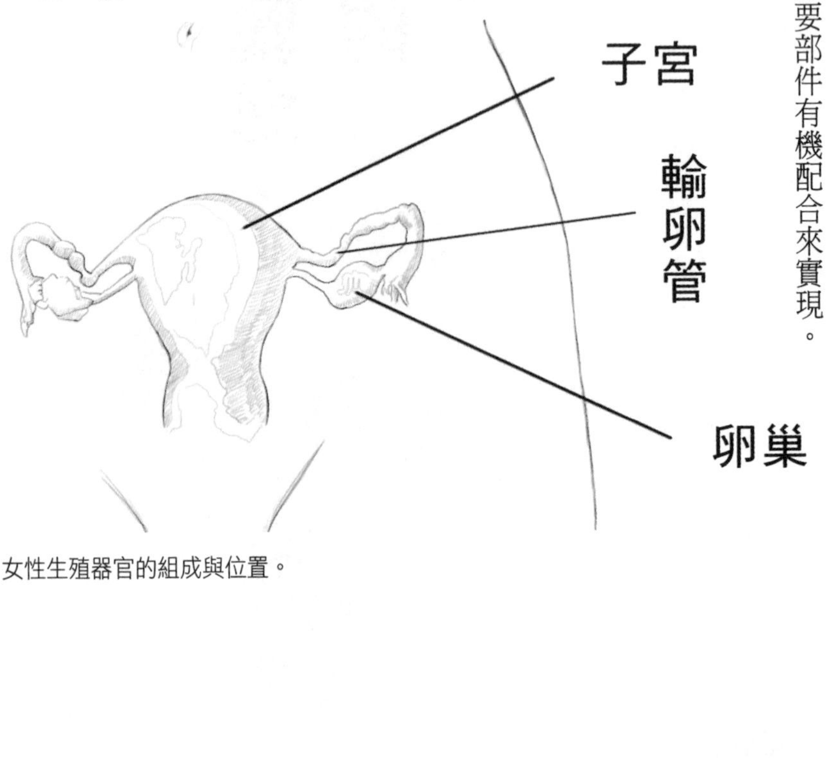

女性生殖器官的組成與位置。

會越來越小的，會變得從拳頭縮小到甚至一半，也就是半個拳頭那麼小。相當於一個小雞蛋那麼大。就在女性懷孕快要生產的那個階段，是最大的時候。

內部設施：子宮可大可小，為什麼呢？和建造材料有關。是個奇妙的組織——肌肉有彈性，可變性能很強。就像橡皮筋一樣可以拉得很長，也可以縮回來，所以這就是子宮的特點。

細緻來看：內膜專門給受精卵鋪床墊，最裡面軟軟的一層就是內膜，內膜下面就叫平滑肌，肌層外面一層是外膜，外膜包裹著裡面兩層，子宮就分這麼三層。

床鋪功能：每個月為了迎接受精卵的到來，內膜都要積極準備，鋪設舒軟的床墊，子宮內膜長得厚厚的，受精卵就跑到子宮裡面，躺在舒服的床墊上，受精卵一下子就扎在子宮內膜裡面，又鬆又軟，開始發育。

我們身體的奇妙或者奧妙還是有待發掘的，為什麼這麼說呢？宮殿，也不只是繁育後代的一個溫床，實際上子宮還有一些其他的有待於開發的功能。好比說子宮裡面就可以調劑血液，尤其是懷孕以後，那個胎盤在子宮裡面，跟子宮之間相互的關係，又是一個未知數。舉個最簡單例子，現在不是好多用臍帶血去做幹細胞的移植，胎盤裡面，人們還沒有發掘的一些物質很多。

結構失衡——彈性的牆壁猛凸起

我們說成年婦女50％都有子宮肌瘤，所以大家先不要聽說有子宮肌瘤了，就特別緊張。剛才說了子宮可大可小，它在變化中。實際上每個月它的大小也不一樣。大家想月經完了以後，血流出來以後這時候子宮是最小的。

每個月要排血液。子宮壁，也隨之增大或減小。那個肌肉它也在大一點、小一點。我們叫增生回縮。在增生的時候，都增生的很高興。命令撤退的時候，則很不願意回去，一些子宮的平滑肌增生以後沒有回到原來小的狀態，開始幾個細胞你看不見，如果一堆細胞沒回去，這些不聽話的就集結出來一團啦。

實際上，子宮肌瘤就是子宮壁上的一團不聽話的平滑肌，沒有在該回縮的時候撤退造成的。所以說子宮肌瘤並不像很多女性認為得那麼可怕。在顯微鏡下一看就是一堆平滑肌細胞。

如果要說在育齡的朋友長了子宮肌

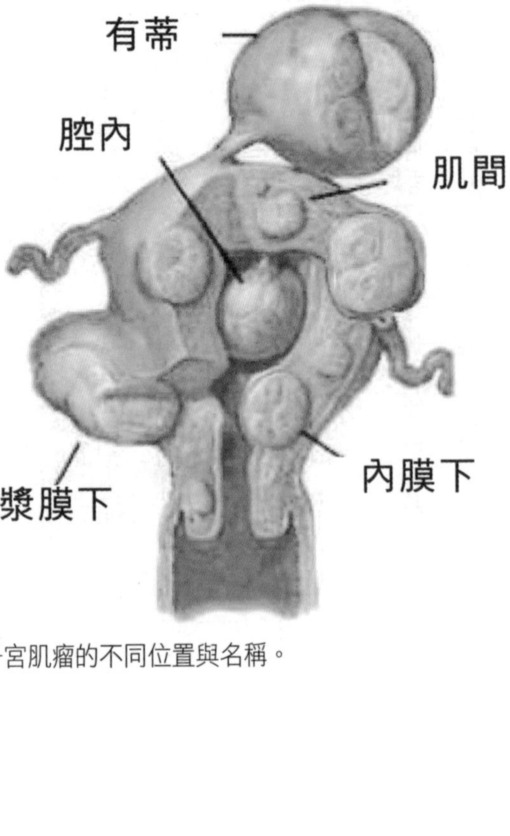

子宮肌瘤的不同位置與名稱。

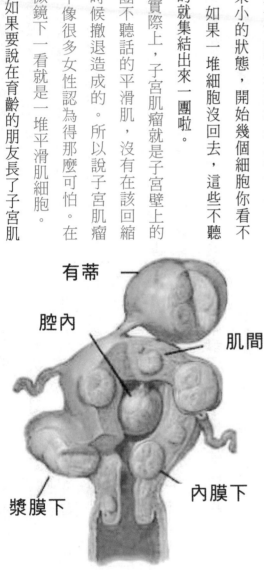

瘤，影響她懷孕，這時候是不是需要治療呢？要看子宮肌瘤的大小、位置以及數目。如果肌瘤個頭大，或者脫到子宮腔裡面，又好多個，跟胎兒搶地盤了，那就會影響胎兒的生長發育。如果瘤子是只有一、兩個，而且靠近子宮壁外面，一點不影響。如果，又在子宮腔裡佔著位置，就得該處理了。

有一點需要提醒大家，子宮肌瘤是可以長大的。有症狀，有感覺，有出血，再一個就是不停地長大，這幾個狀況是需要處理的。如果沒有這三個前提，妳可以不管它。

子宮肌瘤99％以上都是良性的。如果沒有症狀或併發症是可以定期複查觀察的。而現在，那麼多的病例因為子宮肌瘤而手術切除了子宮，原因是「害怕惡性變（即平滑肌肉瘤）」。其實，只要肌瘤不長大、不發展，到一定大小後，生長就會停止。

與宮頸（子宮頸）糜爛相似，子宮肌瘤也是婦科中公認容易被過渡醫療的項目。子宮肌瘤是否需要手術有著明確的指症，比如出血、有壓迫感，或者瘤子長得太快。現在醫院裡開刀切除的大部分子宮肌瘤其實是不需要手術的，可以肯定的是，很多不需要手術的都被手術，這就是過渡醫療。

子宮肌瘤依賴於激素，因此停經以後通常會縮小，可是現在醫院裡很多子宮切下來送病理科一看，那個肌瘤已經都「枯萎」了，完全沒必要手術的。任何多餘的創傷都是有壞處的。這違反了醫學上的不傷害原則。

在目前這樣的體制下，由於資訊不對稱，病人要想透過自己的力量避免過渡醫療很難。

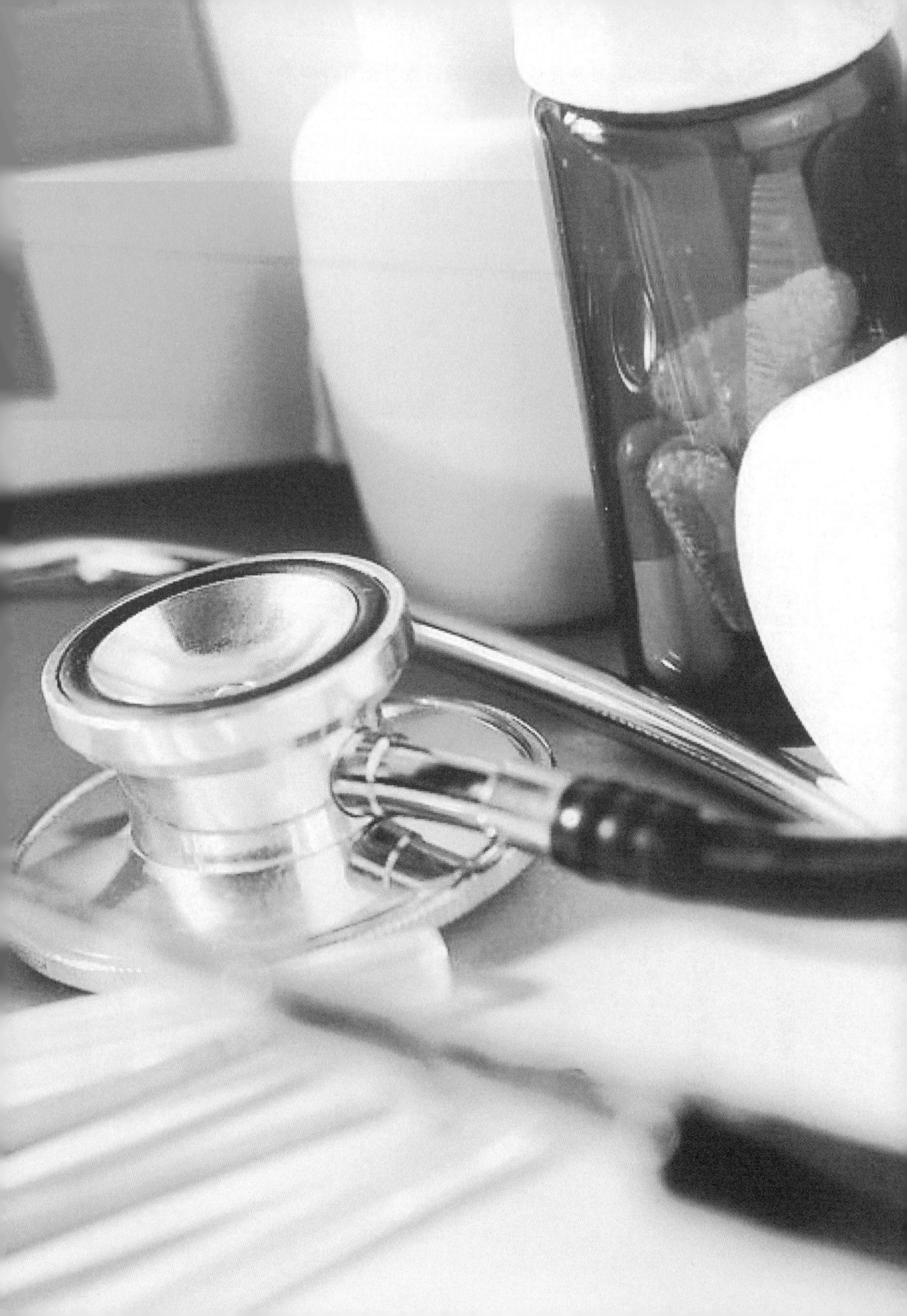

Chapter 25 是正常女性乳腺就是會增生

最近幾個月來，我自己心情不佳，十分鬱悶，主要原因是朋友中的一位被發現得了乳腺癌（已經不是早期了），另一位則是乳腺癌經過六年的各種醫治、掙扎、努力，最後還是精疲力竭地與大家告別了，離開了人世。朋友們有的指責我的無能、有的埋怨我的無術，做為在腫瘤圈裡折騰的醫生，我無言以對，只有沉默。但是，沉默以後，我想大喝一聲：每一位女性都要瞭解一點自己乳腺的基本知識！

每位女性對自己的乳腺起碼要撫摸得明明白白。

在致人死亡的人體主要癌症中（如肺癌、肝癌、胃癌、腸癌等），乳腺癌是最容易被人發現的，因為，乳腺是位於人體胸前的可以徹底用手撫摸的器官。癌瘤是一塊多餘出來的硬塊，在軟軟的乳腺內要幾年時間才從芝麻大小長到綠豆大小、到黃豆大小、再長到花生米大小、蠶豆大小、核桃大小，越來越大的。任何人只要每三個月仔細撫摸自己的乳腺，猶如從棉花團中摸到黃豆一般，是不困難的，是可以辨到的。即使是癌，只要在2釐米（公分；cm）以內，往往是早期，即時治療是可以治癒的，是不會死人的。每當我看到一個個中晚期的無法治癒的乳腺癌病人，怎麼能不可惜呢？怎麼能不感到痛心呢！本來是一個簡單的、容易的事情，只是由於疏忽而成為不可治療的，最後痛苦地離開了人間！

要知道乳腺是女性的性器官之一，每個月都會與月經一樣在起伏變化之中。

乳腺位於兩側胸前方，其位置、大小、形狀、色澤、軟硬度等與年齡、體型及發育等多因素有關。青年女性乳頭呈筒狀或圓錐狀，直徑約為0.8～1.5cm，其上有15～0個小孔，為輸乳管開口。乳頭周圍皮膚色素沉著較深的環形區是乳暈，直徑約3～4cm。

乳腺主要由腺體、導管、脂肪組織和纖維組織等構成。其內部結構有如一棵倒著生長

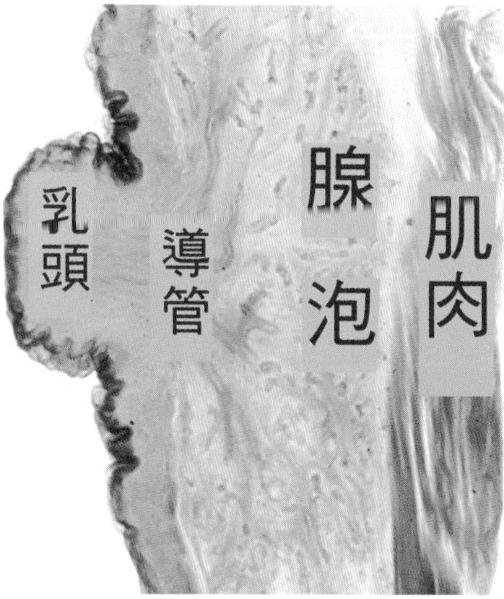

人的乳腺切開看到的結構

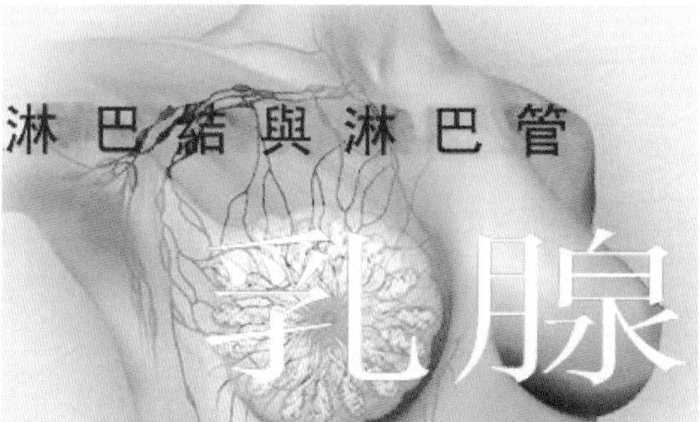

的小樹。

乳腺的每一腺葉分成若干個腺小葉，每一腺小葉又由10～100個腺泡組成。這些腺泡緊密地排列在小乳管周圍，腺泡的開口與小乳管相連。多個小乳管彙集成小葉間乳管，多個小葉間乳管再進一步彙集成一根整個腺葉的乳腺導管，又名輸乳管。輸乳管共15～20根開口於乳頭。

乳房除了第一位重要的哺乳功能外，還是女性特有的標誌。擁有一對豐滿、對稱而外形美觀的乳房是女性展示自己魅力的一個重要組成部分。同時，在性活動中，乳房是除生殖器官以外最敏感的部位，在整個性活動中佔有重要地位，這也是不可忽視的內容。

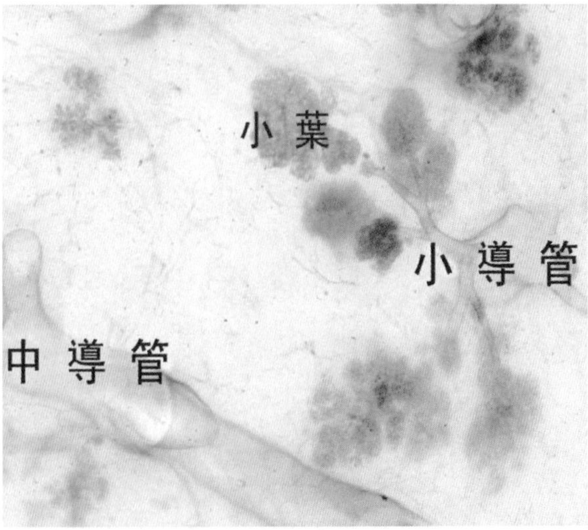

乳腺結構主要有導管和小葉組成

乳腺「增生」是每個成熟女性的標誌。

乳房是幹什麼的呢？女性如果懷孕了，乳房會長大，會產生乳汁。乳頭表面的15個開口，就像15根管子，管子往下到頭，醫學上叫「小葉」，打個比方就像一串「葡萄」，每個乳腺有15串「葡萄」在皮肉裡包者，鼓起來呈一塊狀就成了乳房，乳汁或者乳液就在這個「葡萄」串裡面產生、分泌了，分泌出來就流到開口，就像小河流入大河，最後流出來了。

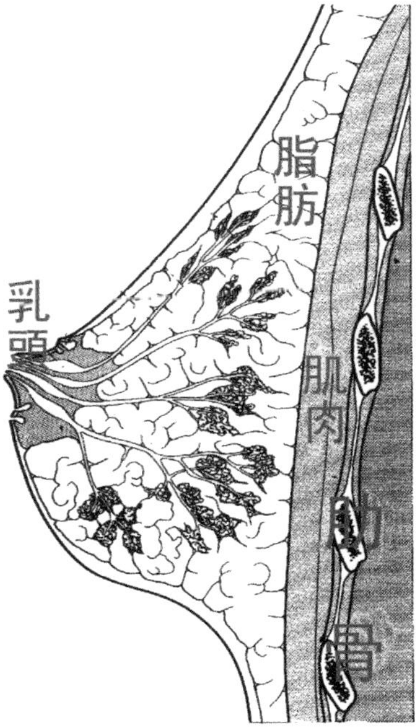

人的乳腺縱形觀察到的結構

是什麼原因讓乳房定時地去產生乳汁呢？現在知道，是卵巢裡面產生的激素。卵巢產生的激素種類和多少，決定了乳房「增生」的大與小。比如懷孕的時候，子宮裡胎兒就產生了激素，大量的激素使得乳房長大，一旦生完娃、餵完奶以後，激素減少了，乳房又縮回去了。青春期時候的女孩乳房長大了，等到絕經了以後乳房又萎縮了，所以乳房的「葡萄串」大小、產生不產生乳汁，都是由卵巢產生的激素來管的。所以，乳腺「增生」是每個成熟女性的標誌。

月經前，激素產生的多，乳腺就增生，月經過去了，激素減少了，乳腺又回縮了。增生的時候，你就會感到乳腺脹、疼，摸到「疙疙瘩瘩」的多個「結節」，這時去做超聲（超音波）檢查，都會看到「結節」。它與腫瘤的區別就在於這些增生的小葉會隨著月經週期在變化著，而腫瘤則是固定「緩慢持續」增大。

每個女性都要學會摸自己的乳房，可早期發現乳腺癌。

記得八十年代中期，我第一次去美國，在一個癌症中心，看到那裡也有許多的乳腺癌病人。但在美國看到的乳腺癌病人跟國內的乳腺癌病人比，手術後存活時間要比國內長的多，這是為什麼呢？為什麼他們的5年存活率、10年存活率都那麼高？而我們在國內遇到的乳腺癌病人，沒有那麼高的5年、10年生存率呢？

當時就很好奇，待到深入瞭解後就發現，他們主要是在普通人群裡，做了普及自我檢查乳腺的宣傳和訓練，婦女都要學會自我檢查。一旦能夠自我檢查，那就是最好的發現乳腺癌的方法，要比去醫院讓醫生檢查、各種儀器檢查都要即時有效，所以美國婦女的乳腺癌發現的早，手術後存活的時間就長，5年、10年生存率也就高了。

乳腺自己檢查的方法十分簡單易學，每個婦女都是可以學會的。每三個月自查一次（為了防止忘記，可在日曆上每隔三個月的那一天標上「乳腺檢查」）。這樣，乳腺裡任何米粒大小的硬結都可以在第一時間被摸到，即使是癌，那也是早期階段。這時做出診斷治療的，5年存活率可達97％以上！

對於女性來說，特別是年齡大的女性，能夠影響妳生命、威脅妳生命的乳腺疾病，大家都知道，叫乳腺癌。乳腺癌為什麼會威脅生命呢？因為這個癌長在乳房裡面，這個地方如果長了一個癌，會隨著血液、隨著淋巴跑到全身去，這是它為什麼會威脅生命的道理。如果纖維腺瘤是良性的，就在乳腺，不會跑，長多大最多一個包，不用擔心會出問題。而乳腺癌，一公分、兩公分的時候，花生米那麼大的時候，癌細胞就可以跑到全身去了。

我們怎麼才能不得乳腺癌呢？怎麼來預防呢？告訴大家一個最簡單的方法，每一個女性都要學會摸妳的乳房，說是這麼簡單。城裡人可能沒有到農村去真正的摘過棉花，我是農民，我摘過棉花，打個比方，就像是收棉花的時候，棉籽還在棉花裡面，從棉花裡摸出一個棉籽來，要學會這麼一個感覺。正常人的乳房就像棉花一樣，除了外面是一層皮，皮最裡面是骨頭、肋骨，皮和骨之間是肉，這個肉摸上去全是軟的，你在皮和骨之間軟的肉裡面摸，正常情況下是摸不到硬結的。我們醫生摸乳腺也是這樣，就是摸妳的乳房，看看皮和骨之間肉裡面有沒有硬結。

前面講了，乳腺增生是多個硬結，是不規則的，有的是小條條狀，是長長的。而腫瘤一定是圓或者卵形的，像黃豆粒這樣的，不是細條條。如果會摸乳房了，而且感覺到裡面是硬結，跟月經沒有關係，這時候就要找醫生來看。自己學會摸了，每半年摸一次，等乳房出現硬結了，你就發現了，黃豆大小的，如果是癌都能治好。比花生米小的乳腺癌，在幾個毫米（公釐；mm）、不到一個公分的乳腺癌，基本上都能治好。那種會到處跑的一定是已經到一公分以上的。

預防乳腺癌有什麼妙方，有什麼高招，就是每一個女士首先要熟悉自己的乳房，瞭解自己的乳房，把妳自己的乳房都弄的清清楚楚，裡面有沒有棉籽一樣的硬塊出來，這不就解決問題了嘛。其他的醫學檢查方法也有，如超聲（超音波），當然現在還有核磁，還有CT，各種檢查方法多了，這些檢查方法都可以用。但是最有效的還是自己摸，那些還得跑到醫院，還得掛號，還得讓醫生給妳查，查的時候醫生認真一點還可以，發現的準一點，如果糊弄事，還會漏掉了。妳自己摸，從一個棉花裡摸出棉籽來，這麼一個基本要領。

乳房是你自己身上的兩塊肉！妳自己如果不去撫摸它，還能指望誰能保護它呢？乳房雖是性、生命與哺育的亙古符徵，卻也同時承載了疾病與死亡。長久以來，女人一直被迫面對乳房所傳達的兩大內涵：生命的哺育者和生命的摧毀者。一方面，乳房與女孩蛻變成女人、性愉悅與哺育連結；另一方面，它也逐漸與乳癌死亡連結。關愛生命就從撫摸妳的乳房開始吧！乳腺的命運就在於妳手的撫摸之中！

任何人如果有一天覺得自己對疾病、人體、健康等事物有點興趣起來，一般表示自己的身體感到了一些不適或被親朋好友的疾病所提醒。對於女士而言，自己的乳房怎麼樣，應該都要多多少少有些瞭解吧。

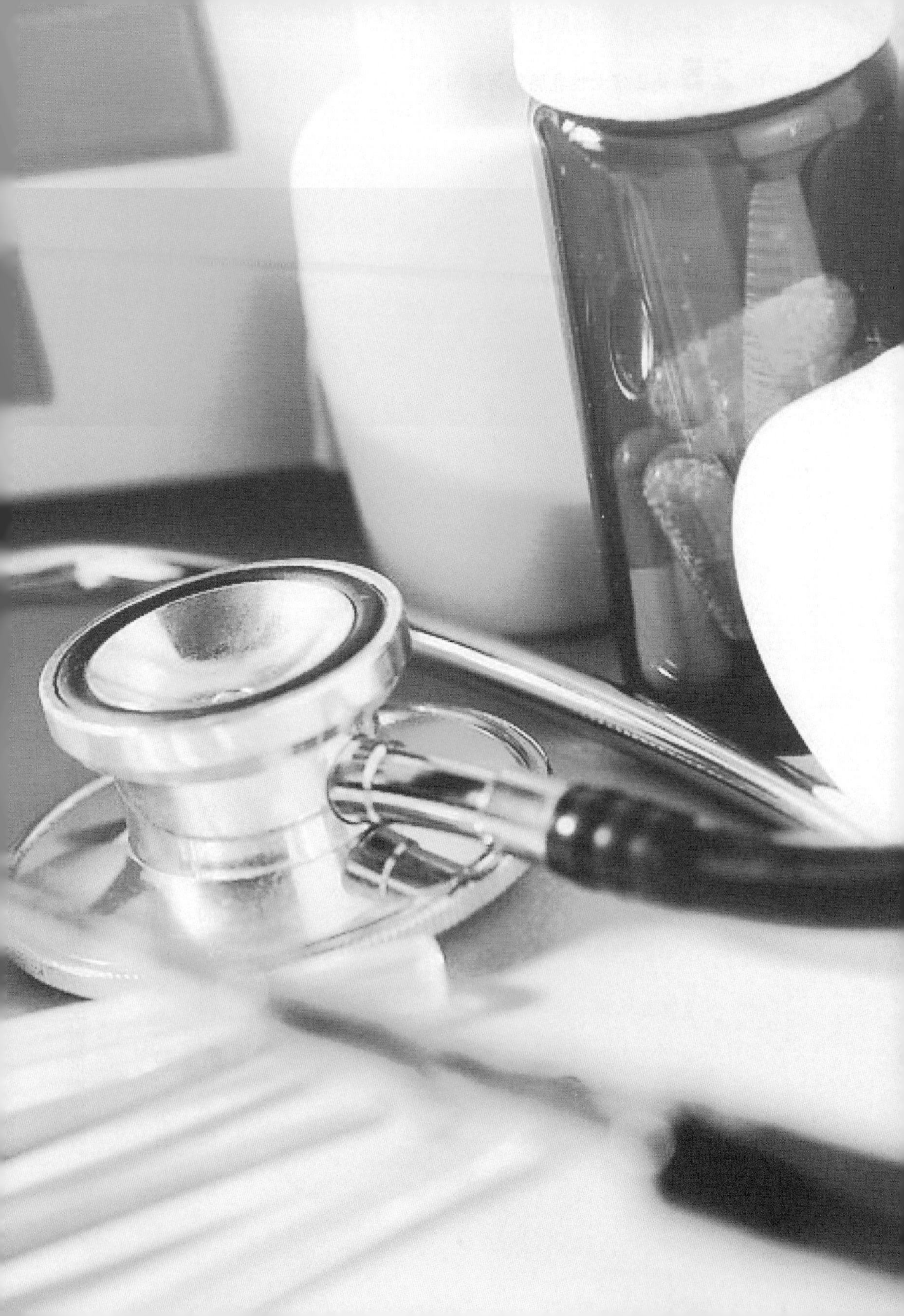

Chapter 26 甲狀腺癌不可怕

選這樣的題目，主要是想說：不要把甲狀腺癌當成沉重的負擔！

近一段時間，那麼巧的事情發生了：一個連一個的朋友的親屬得了「甲狀腺癌」，我得一遍遍解釋著：手術切除後就不用擔心了，甲狀腺癌是可以「治癒」的！但是，病人和家屬總是不放心，還是有點「惶惶不可終日」之狀。哎，無奈，只好抽空再敲幾句貼在博客裡，讓病人自己慢慢看吧。

甲狀腺病變十分常見

不論是中國還是歐洲，兩千年以前就有對於甲狀腺病變的初步認識和記載。古希臘人稱頸部中狀腺腫的包塊為支氣管囊腫（bronchocele）。1656年，Thomas Wharton稱其為甲狀腺（thyroidgland），此名稱起源於希臘文的「盾牌樣」，其實並不是因為其自身的形狀，而是因為附近的甲狀軟骨的形狀。

在中國的傳統醫學中將甲狀腺病變歸屬於「癭病」，如戰國時期《呂氏春秋》中已有「輕水所，多禿與癭人」。何謂癭？《雜病源流犀燭》謂：「其皮寬，有似櫻桃，故名癭。」《說文解字》注曰：「癭，頸瘤也。」可見就是指甲狀腺腫瘤。雖統稱為「癭病」，但巢元方提出血癭、息肉癭、氣癭三種，孫思邈則劃分為石癭、氣癭、勞癭、土癭、憂癭，陳無擇又提出石癭、肉癭、筋癭、血癭、氣癭的五類分類法，其中息肉癭、石癭、肉癭均是甲狀腺腫瘤性質及質地的具體描述。

由於甲狀腺位於頸部皮膚下面，一旦增大容易被發現並可觸及，雖然人類歷史上幾千年來就已經不斷認識和深入，但過去診斷甲狀腺疾病僅靠醫生手感觸摸，因為受到結節在甲狀腺內的位置、大小、患者頸部粗短、肥胖和檢查者的經驗等多種因素影響，真正發檢出甲狀腺病變的機率不高。直到上世紀80年代末超聲（超音波）和彩色超聲（超音波）技術的出現，甲狀腺疾病的診斷得到革命性的改觀。過去無法觸摸到的1釐米（公分；cm）以下的結節以及甲狀腺周圍血流改變都清晰可見。尤其是近年來採用的甲狀腺高頻超聲（超音波）技術，不僅能夠清晰地顯示甲狀腺解剖結構、血流動力學、微循環灌注等表現，

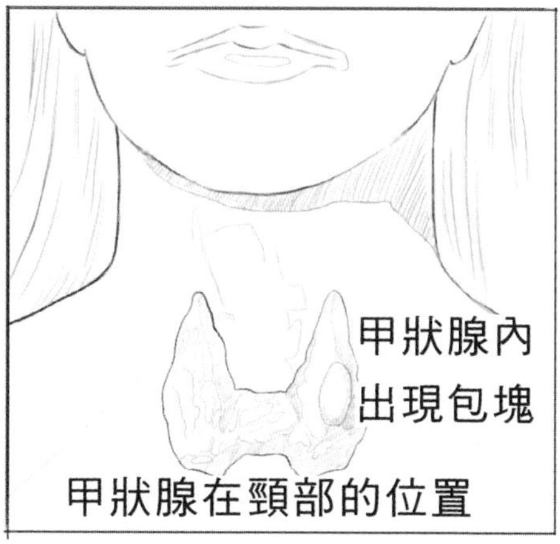

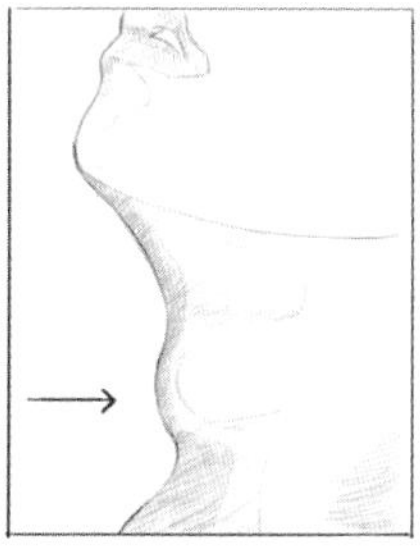

甲狀腺包塊側面看到的表現。

更能夠發現2～3毫米（公釐；mm）的微小結節，同時能夠準確區別甲狀腺膠質瀦留和實質性腫塊，以及判斷實質性腫塊是否發生壞死等大量有價值的資訊。

過去透過觸診發現的一般人群的甲狀腺結節患病率在中國佔人口的3～7％，而現在採用高清晰超聲（超音波）檢查，甲狀腺結節的檢出率可達20～70％。由此可見，甲狀腺病變在中國人群中是多麼的普遍。

超聲（超音波）檢查正常甲狀腺，形態規則，邊界清晰，包膜完整，內部回聲密集均勻，略高於頸前肌群回聲。

SCM胸鎖乳突肌，LCM頸長肌，M胸骨甲狀肌和胸骨舌骨肌等，C頸總動脈，J頸內靜脈，E食道，TR氣管，L左葉甲狀腺，R右葉甲狀腺。

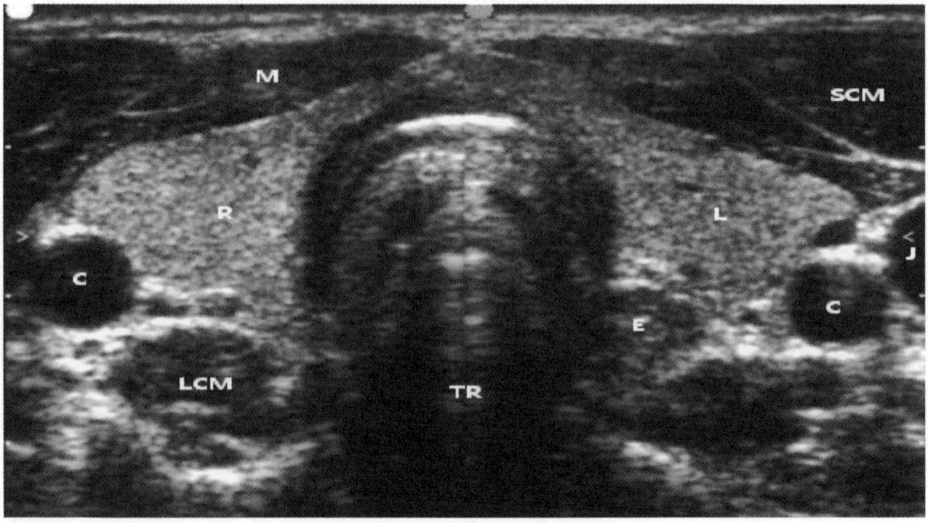

超聲（超音波）檢查正常甲狀腺橫切及相鄰組織關係圖。

甲狀腺腫瘤種類挺多

甲狀腺腫瘤的類型不少。在世界衛生組織（WHO）的大力支持下，現在瑞士蘇黎士大學的病理系的國際協商與合作中心開展了對甲狀腺腫瘤的組織學分類，該中心成立於一九六四年，並於一九七四年發佈第一稿，隨著對腫瘤認識的深入和新技術的應用，許多腫瘤分類需要修訂，一九八八年修訂出版了第二版的甲狀腺腫瘤組織學分類，到了二〇〇四年，WHO又推出了甲狀腺腫瘤的新的分類。僅僅甲狀腺癌就有以下12種：

1、乳頭狀癌（papillary carcinoma）

2、濾泡癌（fo licular carcinoma）

3、低分化癌（poorly differentiated carcinoma）

4、未分化（間變性）癌（undifferentiated（anaplastic）carcinoma）

5、鱗狀細胞癌（squamouscell carcinoma）

6、黏液表皮樣癌（mucoepidermoid carcinoma）

7、硬化性黏液表皮樣癌伴嗜酸細胞增多

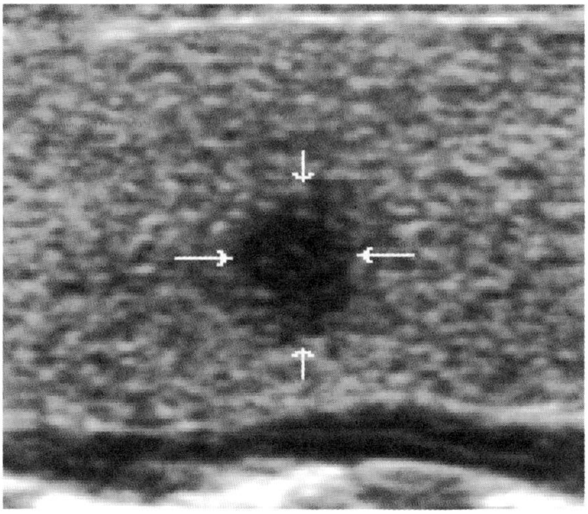

甲狀腺包塊在超聲檢查時看到的樣子（箭頭所指）

（sclerosing mucoepidermoid carcinoma with eosinophilia）

8、黏液癌（mucinous carcinoma）

9、髓樣癌（medullary carcinoma）

10、混合型髓樣—濾泡細胞癌（mixed medullary and follicular cell carcinoma）

11、梭形細胞腫瘤伴胸腺樣分化（spindle cell tumour with thymus-like differentiation）

12、癌顯示胸腺樣分化（carcinoma showing thymus-like differentiation）

絕大多數甲狀腺結節是沒有症狀的

常常是透過體檢或自身觸摸或影像學檢查（尤其是超聲（超音波）檢查）發現。只有當結節壓迫周圍組織時，可出現相應的表現，如呼吸困難、吞嚥困難和聲音嘶啞等。合併甲狀腺功能異常時，可出現相應的臨床表現。炎症性結節時常伴有局部疼痛、發熱和甲狀腺功能異常等表現。一旦發現甲狀腺有結節，先不要慌張，因為，甲狀腺結節95％以上是良性的。

甲狀腺癌中90％以上都是可以治癒的

雖然甲狀腺癌有這麼多種類，但最多見的是「乳頭狀癌」，可以佔到95％左右。而乳頭狀癌中又有95％治療後是可以完全治癒的。不過有一點需要指出，女性佔70％左右，比男性要多得多。治療需要規範的綜合性治療，是高治癒率的最重要保證。

超聲（超音波）檢查的普遍應用，使得甲狀腺「結節」、「包塊」越來越多。一旦發現，病人一聽到「癌」字，立刻就恐慌起來，不知所措。其實，甲狀腺包塊手術切下來也有把「腺瘤」這樣的良性腫瘤當成惡性的癌。也是需要注意的。

舉例：患者女性，28歲，查體（身體健康檢查）發現甲狀腺有結節，到醫院手術切除。手術後病理報告懷疑為甲狀腺乳頭狀癌，到我院會診，明確為甲狀腺乳頭狀增生，手術切除即可，不需要進一步治療。

甲狀腺乳頭狀增生（papillary hyperplasia of thyroid）在甲狀腺彌漫性增生性甲狀腺腫、結節性甲狀腺腫等良性病變中可以看到乳頭狀增生。

大體表現：甲狀腺中的結節病灶，病變界限不清，切面灰白色。

鏡下表現：增生的乳頭分支少，常常沒有明顯的纖維血管性軸心，上皮為單層立方上皮，核小，形態規則。沒有乳頭狀癌細胞核的特點。

鑑別診斷：掌握甲狀腺乳頭狀癌的幾個特點，有助於鑑別診斷：

（1）乳頭有纖維血管性軸心，而且分支增多。

（2）毛玻璃樣細胞核、核內包涵體、核溝是乳頭狀癌的細胞形態特點。

（3）砂粒體的存在。

（4）包膜與血管的浸潤。

由於超聲（超音波）檢查的普及，使得以前不容易發現的甲狀腺微小病灶變得越來越多。其實，對於甲狀腺來說，癌只佔甲狀腺結節的1％左右。絕大多數結節是良性的。即使是甲狀腺癌，其中90％是乳頭狀癌。而乳頭狀癌95％以上又是可以治癒的。

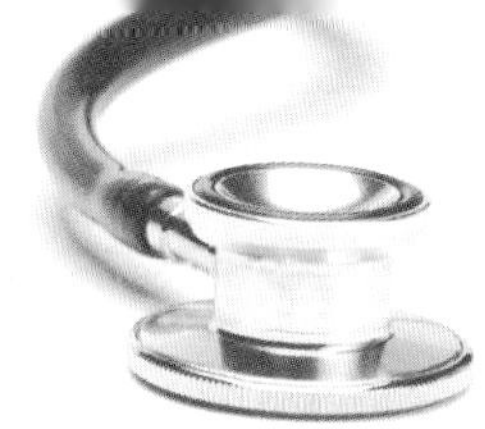

後記

在我們日常生活中人們解決了衣、食、住、行這些人的基本需要以後，另一個就是生老病死的問題，因為世界上最寶貴的可能算是生命，而且人的生命只有一次。

對於生命的太多奧妙，要想使每個人成為醫學行家是不可能的。但是，在日常生活當中，如果你能夠對自己的身體有一定的認識或者一定的瞭解，我想對生老病死上的大問題是很有幫助的。

首先我想到的一個事實，大家日常生活當中都能體會到：人的生命都有雙重性。一個是它有堅韌性，另外有它的脆弱性，這是我自己的體會，做為醫生的幾十年跟病人打交道的過程中，逐步讓我產生這種對人身體，或者人的生命，或人的健康這種雙重性的認識越來越強烈了。

生命的堅韌性，是看到很多病人的病情很嚴重或者身體的狀況很差，從醫學的角度話來說很難繼續生存下去，眼看著就要離開人世了，但是你會發現這個人的生命顯示出了無比的堅強和堅韌，他可以克服大量的不可思議的創傷，或者是危險，或者是難以想像的難關，一直活下去，有的還活的越來越好。這就是人體內在的潛力發揮作用的結果，這就叫生命的堅韌性。但同時生命還有一個脆弱性，在日常生活當中能遇到很多，親朋好友或者是很熟悉的知心朋友，或者今天、或者昨天、或者剛剛還好好的，突發事件降臨了，轉眼之間一個生命就終止了，活生生的人體就消失了。

常言道「人的命，天註定」，就是說我們人類還沒有能力可以隨心所欲的調控我們的生命時鐘。但是在身體健康的座標中，是否能夠盡量繞開生命的「脆弱性」，盡量發揮身體的「堅韌性」？看完這本書，該有點明白了吧？

國家圖書館出版品預行編目(CIP)資料

那些病不是病 / 紀小龍著.
一 第一版. 一 臺北市 ： 樂果文化出版 ：
紅螞蟻圖書發行, 2012.09
面 ； 公分. 一 (樂健康 ； 11)
ISBN 978-986-5983-14-7(平裝)
1.家庭醫學 2.保健常識

429 101011980

樂健康 011
那些病不是病

作　　　者／紀小龍
總　編　輯／何南輝
行銷企畫／張雅婷
封面設計／鄭年亨
內頁設計／Chris's Office

出　　　版／樂果文化事業有限公司
讀者服務專線／（02）2795-3656
劃撥帳號／50118837號　樂果文化事業有限公司
印　刷　廠／卡樂彩色製版印刷有限公司
總　經　銷／紅螞蟻圖書有限公司
地　　　址／台北市內湖區舊宗路二段121巷28．32號4樓
電話：（02）27953656
傳真：（02）27954100

2012年9月第一版　　定價／260 元　　ISBN：978-986-5983-14-7